普通高等学校"十四五"规划汽车类专业精品教材

U0166042

质子交换膜燃料电池原理与设计

主　编　熊树生
副主编　叶宣宏　程俊杰
　　　　王海轩　刘庆生

华中科技大学出版社
中国·武汉

内 容 简 介

本书探讨了质子交换膜燃料电池的原理、结构、应用以及与之相关的理论基础和建模方法。本书以最经典的理论依据建模,基础性很强,同时结合编者多年科研应用案例进行讲解,具有一定的实操性。

本书可作为高等院校燃料电池相关专业本科生及研究生的教材,也可作为致力于质子交换膜燃料电池及汽车燃料电池研究的工程师、科研人员的参考书,还可作为对质子交换膜燃料电池感兴趣者的入门读物。

图书在版编目(CIP)数据

质子交换膜燃料电池原理与设计 / 熊树生主编. -- 武汉 ：华中科技大学出版社,2025. 2. -- (普通高等学校"十四五"规划汽车类专业精品教材). -- ISBN 978-7-5772-1580-8

Ⅰ. TM911.4

中国国家版本馆 CIP 数据核字第 2025A1W022 号

质子交换膜燃料电池原理与设计　　　　　　　　　　　　　　　　　熊树生　主编
Zhizi Jiaohuanmo Ranliao Dianchi Yuanli yu Sheji

策划编辑：胡周昊　万亚军

责任编辑：杨赛君

封面设计：廖亚萍

责任监印：朱　玢

出版发行：华中科技大学出版社(中国·武汉)　　　电话：(027)81321913
　　　　　武汉市东湖新技术开发区华工科技园　　　邮编：430223

录　　排：武汉三月禾文化传播有限公司

印　　刷：武汉市洪林印务有限公司

开　　本：787mm×1092mm　1/16

印　　张：11

字　　数：282 千字

版　　次：2025 年 2 月第 1 版第 1 次印刷

定　　价：49.80 元

本书若有印装质量问题,请向出版社营销中心调换

全国免费服务热线：400-6679-118　竭诚为您服务

普通高等学校"十四五"规划汽车类专业精品教材

/ 编审委员会 /

顾　　　问：华　林　　武汉理工大学

编委会主任：颜伏伍　　武汉理工大学

　　　　　　汪怡平　　武汉理工大学

委　　　员：（按姓氏拼音顺序排列）

褚志刚	重庆大学	卢剑伟	合肥工业大学
何智成	湖南大学	唐　亮	北京林业大学
贺德强	广西大学	陶　骏	东风商用车有限公司
胡　杰	武汉理工大学	汪俊君	岚图汽车科技有限公司
胡　林	长沙理工大学	王衍学	北京建筑大学
胡明茂	湖北汽车工业学院	吴华伟	湖北文理学院
胡志力	武汉理工大学	熊树生	浙江大学
黄　晋	清华大学	严运兵	武汉科技大学
黄其柏	华中科技大学	杨彦鼎	东风汽车集团有限公司研发总院
金立生	燕山大学	查云飞	福建理工大学
赖晨光	重庆理工大学	张　勇	华侨大学
李　杰	北京建筑大学	赵　轩	长安大学
刘　波	北京科技大学	朱绍鹏	浙江大学
刘金刚	湘潭大学		

前　　言

　　质子交换膜燃料电池（proton exchange membrane fuel cell，PEMFC）技术是当前清洁能源领域中最具潜力的技术之一。随着人们对减轻环境污染的需求的日益增长，燃料电池技术的研究和应用成为科研领域和工业领域的热点。近十年来，在燃料电池相关从业人员的推动下，该技术取得了飞速发展。本书主编长期在能源专业一线从事教育工作，结合自身科研经验编写本书，旨在为读者提供一个全面的关于质子交换膜燃料电池的理论基础与设计知识体系。

　　本书共7章，第1章绪论，介绍了燃料电池技术的基础知识，包括其历史、发展和应用领域；同时深入探讨了燃料电池的分类和不同类型的燃料电池特性，特别是质子交换膜燃料电池的原理和结构。这为理解质子交换膜燃料电池的工作原理和设计要求奠定了坚实的基础。第2章燃料电池电化学基础与建模，从电极反应动力学到电压损耗各个方面，深入分析活化损失、浓度损失和欧姆损失，为读者展示了燃料电池性能评价与优化的关键因素。第3章则聚焦于燃料电池的重要部件选型和设计，包括质子交换膜、电极、气体扩散层、双极板等。第4章燃料电池动力学建模，详细分析燃料电池中的传质，以及燃料电池阳极、阴极流道模型和水跨膜传递模型。第5章从热力学角度介绍了燃料电池的相关特点，并着重介绍了燃料电池所面临的热管理和冷启动的挑战。第6章主要介绍了燃料电池系统建模，包括氢/氧供应系统、氢/空气供应系统和重整气/空气系统。第7章燃料电池控制与故障诊断，不仅介绍了保持燃料电池系统稳定运行的策略，还讨论了如何识别和解决燃料电池的潜在问题。

　　本书由熊树生担任主编，由叶宣宏、程俊杰、王海轩、刘庆生担任副主编，参编人员有高博、陈亦平、孟凯、沈浙杰、赵彦旻、汪泽州、陈金威、胡子涵。感谢石伟、姜琦、赵家豪、Yakubu Abubakar Unguwanrimi、王炯凡、Ahmed Muhammad、余庆龙、刘隽宜、谌威、魏晨旭、李贤贤、王丰、钱伟杰、张冲标、陆伟、刘继文、钱辰雯、赵耘梁、刘其良、高海宇、詹剑在本书编写时给予的帮助！

　　由于编者水平有限，书中难免有不当或错漏之处，诚恳欢迎读者批评指正。

编　者
2024 年 12 月

PPT 课件

目　　录

第1章 绪 论

随着全球化进程的加速,人类生活对能源需求呈爆炸式增长。迄今为止,世界各国的能源供应几乎完全依赖于化石燃料——石油、天然气和煤。这些自然资源的形成往往需要数百万年,现在面临着几百年被耗尽的风险。化石燃料的使用又加速了全球变暖,对我们的生存环境构成了巨大威胁。

面对这些挑战,各国科学家试图寻找一种高效、节能、低污染和可持续的能源解决方案。氢能提供了一个几乎无限的能源供应视角,预示着一种全新的能源时代的到来。作为氢能的主要载体,氢燃料电池以其高转换效率和环境友好性,展现出作为未来能源系统核心的巨大潜力。

1.1 燃料电池概述

1.1.1 什么是燃料电池

燃料电池是一种将燃料中的化学能直接转化为直流电的电化学能量转化器。通常情况下,燃料发电需要将燃料中的化学能转化为热能,然后利用热能加热水产生蒸汽,用蒸汽驱动涡轮机运行而将热能转化为机械能,最后机械能驱动发动机产生电力。然而燃料电池发电可省去上述过程,提高能量的转化效率,它不采用以燃烧为基础的能源生产技术,进而减少对环境的损害。此外,燃料电池所提供的高效、清洁的能量转化机制也意味着燃料电池工作相对安静且没有振动。

图 1-1 所示为当今市场上主要能量转换装置的一般结构。与内燃机相比,燃料电池产生的污染物更少,甚至为零。

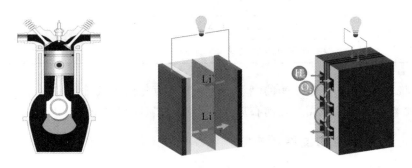

图 1-1 内燃机、蓄电池和燃料电池的一般结构

在内燃机中可转化为有用功的热量受卡诺循环效率的限制,其效率计算式如下:

$$\eta_{Carnot} = \frac{T_i - T_e}{T_i} \tag{1.1}$$

式中:T_i 是内燃机入口的绝对温度;T_e 是内燃机出口的绝对温度。

然而燃料电池不受卡诺循环的限制,因为燃料电池是一种电化学装置,其发电过程是等温氧化而不是燃烧氧化。燃料电池的最大转化效率受燃料的化学能含量限制,计算式如下:

$$\eta_{rev} = \frac{\Delta G_f}{\Delta H_f} \tag{1.2}$$

式中:ΔG_f 为反应过程中的吉布斯自由能变化;ΔH_f 为生成焓的变化(低热值)。

因此,在轻型车辆中,燃料电池的效率几乎是内燃机的两倍。

燃料电池和一般电池在某种意义上非常相似,它们都是电化学电池,由夹在两个电极之间的电解质组成。它们都是利用内部氧化还原反应将燃料中的化学能转化为直流电。然而,这两种能量装置的电极的组成和作用有很大不同。一般电池中的电极通常是金属(如锌、铅或锂),电极浸在温和的酸中。在燃料电池中,电极(包括催化层和气体扩散层)通常由质子导电介质、碳负载催化剂和导电纤维组成。一般电池被用于能量存储和转换,而燃料电池仅用于能量转换。一般电池利用储存在其电极中的化学能来推动电化学反应,从而在特定的电位差下为我们提供电能,因此一般电池的寿命是有限的。而燃料电池从理论上讲只要反应物充足就能持续运转。

1.1.2 燃料电池的能量来源

当前,燃料电池的氢能来源可分为灰氢、蓝氢和绿氢,如表 1-1 所示。灰氢是指由化石燃料(例如石油、天然气、煤炭等)燃烧产生的氢气,在生产过程中会有二氧化碳等排放。目前,市面上绝大多数氢气是灰氢,约占当今全球氢气产量的 95%。蓝氢是由天然气通过蒸汽甲烷重整或自热蒸汽重整制成。虽然天然气也属于化石燃料,在生产蓝氢时也会产生温室气体,但由于制氢时使用了碳捕获、利用与封存(CCUS)等先进技术,温室气体被捕获,减轻了对地球环境的影响,实现了低碳制氢。绿氢是使用再生能源(例如太阳能、风能、核能等)制造的氢气,例如通过可再生能源发电进行电解水制氢,生产绿氢的过程完全没有碳排放。

表 1-1 氢能来源

技术	简介	应用范围
灰氢	通过化石能源重整制氢	占比 95% 以上
蓝氢	以工业副产物提纯制氢	
绿氢	通过可再生能源电解水制氢	5% 以下

总的来说,以氢能为能量来源的燃料电池欲实现真正的零碳排放目标,需要大力发展绿氢技术,因此燃料电池领域需要提前布局,为未来的绿氢时代打下坚实基础。

1.1.3 燃料电池的发展历史

燃料电池发展历史如图 1-2 所示。1839 年,英国科学家 William Grove 首次提出了燃料电池的概念,他使用氢气和氧气在两极之间产生电流。1889 年,Ludwig Mond 和 Carl

Langer 发明了一种基于硫酸的燃料电池,被称为 Mond 燃料电池,用于产生电力和生产氢气。

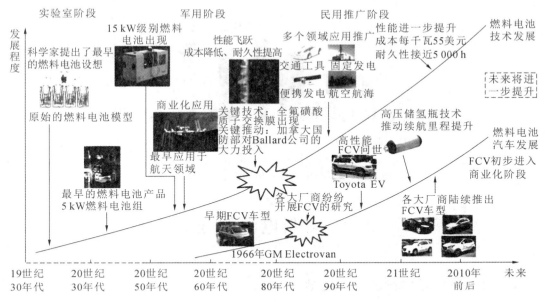

图 1-2　燃料电池发展历史

(注:FCV 指燃料电池汽车)

在 20 世纪中叶,燃料电池的研究和开发进入了一个重要阶段。在这个时期,美国航空航天局(NASA)开始研究和开发燃料电池以供宇航员在太空任务中使用。这促进了燃料电池技术的进一步发展。20 世纪 60 年代,燃料电池技术得到了显著的发展。F. T. Bacon 和 K. Kordesch 发明了碱性燃料电池(alkaline fuel cell,AFC),并取得了良好的应用效果。此外,F. T. Bacon 还发明了一种氧气还原反应催化剂,被广泛应用于燃料电池中。

20 世纪 70 年代,质子交换膜燃料电池(proton exchange membrane fuel cell,PEMFC)开始受到广泛关注。PEMFC 使用质子交换膜作为电解质,具有效率较高、低温操作和快速启动的优点。20 世纪 80 年代,质子交换膜燃料电池的研究进入了一个重要阶段,出现了新型的质子交换膜材料,如全氟磺酸离子聚合物(perfluorinated sulfonic acid ionomer,PFSI),它具有较高的质子传导性能和化学稳定性,这为质子交换膜燃料电池的商业化奠定了基础。20 世纪 90 年代,燃料电池技术进一步发展,取得了显著的突破。研究人员在材料、催化剂、电解质和系统设计等方面取得了重要进展,推动了燃料电池的性能和可靠性的提高。

进入 21 世纪,燃料电池技术得到了广泛的应用和发展。燃料电池在交通运输、能源存储、航空航天和移动电源等领域取得了重要进展。各国政府和能源公司也加大了对燃料电池技术的研发和支持力度。图 1-3 所示为近年来世界与中国燃料电池专利公开数统计,数据整体呈现稳步上升趋势,可见世界对燃料电池领域的重视程度,而中国燃料电池的发展也在稳步上升,旨在燃料电池这一新兴领域抢占一席之地。因此,随着可再生能源和清洁能源的重要性日益凸显,燃料电池技术作为一种低碳、高效能源技术而获得持续发展。

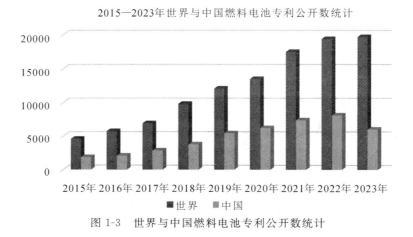

图 1-3　世界与中国燃料电池专利公开数统计

1.2　燃料电池的分类

1.2.1　不同电解质的燃料电池

燃料电池可按所用电解质的类型分类,具体如表 1-2 所示。燃料电池类型、化学反应和工作温度如图 1-4 所示。

表 1-2　燃料电池分类

项目	电池类型				
	碱性燃料电池(AFC)	磷酸燃料电池(PAFC)	固体氧化物燃料电池(SOFC)	熔融碳酸盐燃料电池(MCFC)	质子交换膜燃料电池(PEMFC)
电解质	氢氧化钾溶液	浓磷酸溶液	氧离子导电陶瓷	碱金属碳酸盐熔融混合物	氟聚合物电解质膜
燃料	纯氢气	氢气、天然气	氢气、天然气、沼气、煤气	氢气、天然气、沼气、煤气	氢气、天然气、甲醇
氧化剂	纯氧气	空气	空气	空气	空气
阳极(负极)	Pt/Ni	Pt/C	Ni/YSZ	Ni/Al	Pt/C
阴极(正极)	Pt/Ag	Pt/C	$Sr/LaMnO_3$	Ni/Cr	Pt/C
效率	60%～90%	37%～42%	50%～65%	50%～75%	43%～58%
输出功率/kW	0.3～5.0	200	1～100	2000～10000	0.5～300
使用温度/℃	60～120	160～220	650～1000	650～700	60～80
启动时间	几分钟	2～4 h	65～200 min	>10 h	几分钟
应用场景	航天、机动车	轻便电源、清洁电站	清洁电站、联合循环发电站	清洁电站	机动车、清洁电站、潜艇、便携电源、航天

1. 碱性燃料电池(AFC)

碱性燃料电池在高温(250 ℃)下工作时采用高浓度(85 wt.%,wt.%表示质量百分比)的 KOH 作为电解质,而在低温(<120 ℃)下工作时采用较低浓度(35 wt.%～50 wt.%)的

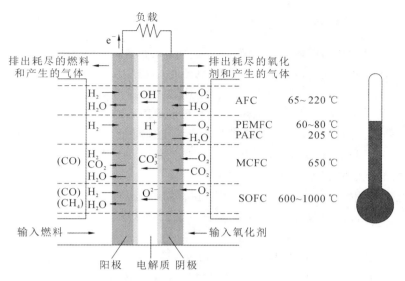

图 1-4 燃料电池类型、化学反应和工作温度

KOH 作为电解质。电解质置于基体(通常为石棉)中,并可采用一系列催化剂(如镍(Ni)、银(Ag)、金属氧化物和贵金属)。这种燃料电池与存在于燃料或氧化剂中的 CO_2 不相容。自 20 世纪 60 年代起,碱性燃料电池就应用于太空计划(如阿波罗飞船和航天飞机)。

2. 磷酸燃料电池(PAFC)

磷酸燃料电池使用高浓度磷酸(约 100%)作为电解质。保存磷酸的基体通常是 SiC,而在阳极和阴极中的电催化剂为铂。工作温度一般在 150～220 ℃。磷酸燃料电池已在固定发电站的容量包(200kW)中得到半商业化应用(如 UTC 燃料电池)。目前,UTC 燃料电池已在世界范围内安装上百台。

3. 固体氧化物燃料电池(SOFC)

固体氧化物燃料电池采用固态、无孔金属氧化物作为电解质,通常为氧化钇稳定氧化锆(即 YSZ)。该电池的工作温度在 800～1000 ℃,此时发生氧离子导电。与 MCFC 类似,尽管正在开发用于便携式电源和汽车辅助电源的更加小型化的 SOFC,但 SOFC 仍处于固定发电站的预商业化或示范应用阶段。

4. 熔融碳酸盐燃料电池(MCFC)

熔融碳酸盐燃料电池具有由碱性金属(如锂(Li)、钠(Na)、钾(K))和碳酸盐混合而成的电解质,并置于铝酸锂($LiAlO_2$)陶瓷基体中。工作温度在 600～700 ℃。此时,碳酸盐形成高导电的熔融盐,且碳酸盐离子提供离子导电。在如此高的工作温度下,通常不需要贵金属催化剂。目前,该燃料电池正处于固定发电站的预商业化或示范应用阶段。

5. 质子交换膜燃料电池(PEMFC)

质子交换膜燃料电池采用一个质子导电聚合物薄膜(<50 μm,如全氟磺酸聚合物)作为电解质。催化剂通常为铂含量约为 0.3 mg/cm^2 的碳载铂,如果氢进料中含有少量的钴(Co),则采用铂-钌(Pt-Ru)合金。工作温度一般在 60～80 ℃。质子交换膜燃料电池可作为汽车以及小规模分布式发电站和便携式电源应用的重要备选。此外,还有高温质子交换膜燃料电池(HT-PEMFC),以聚苯并咪唑膜(PBI 膜)作为反应膜,其具有对氢气纯度要求更低和对 CO 耐受性更强的特点,常被应用于甲醇重整制氢燃料电池系统中。

1.2.2　不同燃料的燃料电池

当前还有不同燃料的燃料电池,如甲醇燃料电池、氨燃料电池等,根据其反应原理可分为直接燃料电池和间接燃料电池。直接燃料电池是燃料直接反应发电,如直接甲醇燃料电池(DMFC);间接燃料电池是将燃料经过系统的燃料处理器重整制氢,利用反应所得的氢气进行发电。上述几种不同燃料的燃料电池的本质是利用甲醇或氨等燃料作为氢能载体的替代燃料,从而克服氢能在存储和运输过程中的技术瓶颈问题。

以甲醇(CH_3OH)燃料为例,甲醇作为一种替代氢气的燃料应用于燃料电池发电中,展现了许多独特的优点和特点。

(1) 易于储存和运输　与氢气相比,甲醇在常温常压下为液态,可以利用现有的燃料供应链进行储存和运输,无须特殊的高压或低温设备。这大大降低了基础设施的建设和维护成本。

(2) 能量密度高　甲醇具有较高的能量密度,甲醇的质量能量密度约为 22.7 MJ/kg,氢气的质量能量密度约为 120 MJ/kg。虽然氢气具有更高质量能量密度,但是在标准大气压下氢气的密度约为 0.0899 kg/m³,在实际的运输过程中为了提高氢气运输量,需要将氢气压缩以提高氢气含量。以 700 bar(1 bar=100 kPa)为例,在 700 bar 下,氢气的密度大约为 42 kg/m³,甲醇的密度为 7.91×10^2 kg/m³,根据式(1.3)计算可得,甲醇的体积能量密度约为 4.99×10^3 kW·h/m³,氢气的体积能量密度约为 1400 kW·h/m³。因此在运输过程中,甲醇的体积能量密度约为氢气的 3.6 倍,并且在实际运输和燃料电池供气侧难以实现氢气 700 bar 的高压。

$$体积能量密度(kW·h/m^3) = \frac{质量能量密度(MJ/kg) \times 密度(kg/m^3)}{3.6} \quad (1.3)$$

(3) 环境友好　在燃料电池中使用甲醇作为燃料可以实现近乎零碳排放的能源转换过程。甲醇的电化学反应生成二氧化碳和水,而二氧化碳可以在以可再生方式生产甲醇的过程中被重复利用,实现碳循环的可能。

(4) 成本效益　甲醇的生产有多种途径,包括天然气、煤炭、生物质等,这些原料相对丰富,生产成本较低。此外,甲醇的生产和转化技术已经相对成熟,有利于降低整个燃料电池系统的成本。

(5) 技术成熟　当前不论是甲醇水蒸气重整(MSR)技术还是直接甲醇燃料电池(DMFC)技术都相对成熟,可以在较低的操作温度下工作,这使得启动时间短、系统简化,适合于便携式电源和车辆应用。甲醇水蒸气重整制氢是指甲醇水溶液在催化剂催化下生成氢气,利用重整制得的氢气可进行发电。其反应温度在 200～300 ℃,重整气体中包含约 70% 的氢气、20% 的二氧化碳和 10% 的水蒸气。其反应过程包含甲醇蒸汽重整(SR)、甲醇热裂解(DE)和水煤气变换(WGS)。

SR:　　　　$CH_3OH + H_2O \longrightarrow CO_2 + 3H_2$　　$\Delta H = 87.0$ kJ/mol　　　200～300 ℃

DE:　　　　$CH_3OH \longrightarrow 2H_2 + CO$　　$\Delta H = -26.6$ kJ/mol　　　>300 ℃

WGS:　　　$CO + H_2O \longrightarrow 2H_2 + CO_2$　　$\Delta H = -41.2$ kJ/mol

从反应整体上来看,甲醇水蒸气重整制氢反应是一个吸热的过程,但对反应温度有着严格的要求,当反应温度过高时,可能会发生甲醇热裂解反应,所生成的 CO 对质子交换膜燃料电池的膜组件会有一定的毒性作用,因此推广甲醇水蒸气重整制氢燃料电池需要成熟的热管理技术。

　　直接甲醇燃料电池(DMFC)直接使用甲醇溶液作为燃料,在阳极处将甲醇氧化生成电子、质子和二氧化碳。这些电子通过外部电路流动到阴极,与氧气反应产生水。其核心组件是质子交换膜,它只允许质子通过,而不允许电子通过。因此,电子必须通过外部电路流动,从而产生电流。直接甲醇燃料电池涉及的化学反应如下。

　　阳极(甲醇氧化):

$$CH_3OH + H_2O \longrightarrow CO_2 + 6H^+ + 6e^-$$

　　阴极(氧气还原):

$$\frac{3}{2}O_2 + 6H^+ + 6e^- \longrightarrow 3H_2O$$

　　相较于甲醇水蒸气重整制氢燃料电池,直接甲醇燃料电池具有系统简化、便携性高、反应温度低等特点。但其也存在着甲醇可能渗透通过 PEM 而降低电池效率、催化剂成本高等缺点。当前甲醇水蒸气重整制氢燃料电池仍适于较大的静态应用,如备用电源和电力站等。

1.3　质子交换膜燃料电池结构

　　本书前文已经介绍了各种类型的燃料电池,接下来将详细介绍质子交换膜燃料电池的结构,以及各个结构的功能和作用。

　　PEMFC 基本单元由质子交换膜(proton exchange membrane,PEM)、催化层(catalyst layer,CL)、微孔层(micro porosity layer,MPL)、气体扩散层(gas diffusion layer,GDL)、双极板(阳极板和阴极板)、端板、密封垫圈等组成。学术界中也有将气体扩散层(GDL)视为微孔层(MPL)与支撑层(backing layer,BL)的结合。

　　如图 1-5 所示,CL、MPL 和 GDL 组合在一起称为气体扩散电极,PEM、CL、MPL 和 GDL 集成在一起称为膜电极(membrane electrode assembly,MEA)。

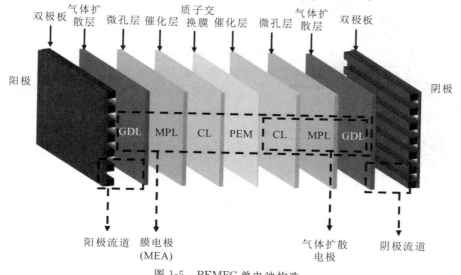

图 1-5　PEMFC 单电池构造

PEM 兼有半透膜和电解质的作用,它不仅作为隔开阳极燃料与阴极氧化剂的隔膜,也是电解质和电极活性物质(电催化剂)的基底,为质子的快速传导提供通道并阻隔电子传导。其具有良好的化学稳定性与热稳定性,质子电导率高、电子绝缘率高、气体渗透性低、机械强度高,同时尺寸稳定性好、价格低廉以及环境友好。质子交换膜的性能直接决定了电池整体的性能和寿命。

目前常见的 PEM 厚度为 50~180 μm,其中较为知名的产品为杜邦 Nafion 系列全氟磺酸质子交换膜,常见型号包括 Nafion N117、Nafion N115、Nafion N112、Nafion N211 等。膜的厚度直接影响欧姆损失与机械强度,通常来说,膜越厚,机械强度越高,但欧姆损失越大。

目前 PEM 按材料种类,可分为全氟磺酸质子交换膜、非氟聚合物质子交换膜和部分氟化聚合物质子交换膜。

全氟磺酸膜,如前文提及的 Nafion 膜,是目前最具有代表性的一类质子交换膜。在高相对湿度条件下,这类膜的质子电导率通常可以达到 0.1 S/cm 以上。由于氟原子电负性极强,聚合物分子中磺酸基团的氢很容易脱离,使磺酸基表现出较强的酸性。此外,聚合物分子骨架具有较高的化学稳定性和机械强度。全氟磺酸膜具有诸多优点,但仍存在溶胀严重、价格昂贵(Nafion 膜的价格已经超过了 2000 元/m^2)、燃料穿透以及降解时氟释放等问题。

非氟聚合物质子交换膜的主要优势是价格低廉,目前研究的重点是在保证膜有较高质子电导率的前提下,提高膜其他方面的性能,使膜具有较好的应用性能。

部分氟化聚合物质子交换膜中,聚合物分子链同时含有 C—F 和 C—H 链段。例如,Ballard 公司通过对取代三氟苯乙烯与三氟苯乙烯共聚、磺化制得了 BAM3G 膜,寿命可达 15000 h,成本也比 Nafion 膜和 Dow 膜低,但是制备工艺较为复杂。再如,将聚苯乙烯磺酸钠(PSSA)接枝到聚偏氟乙烯(PVDF)主链上,也可制得部分氟化的聚偏氟乙烯基磺酸膜。

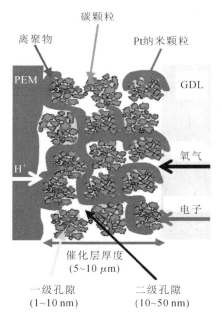

离聚物　碳颗粒　Pt纳米颗粒

PEM　H+　GDL　氧气　电子

催化层厚度
(5~10 μm)

一级孔隙　二级孔隙
(1~10 nm)　(10~50 nm)

图 1-6　催化层结构示意图

催化层(CL)在质子交换膜燃料电池(PEMFC)中扮演着至关重要的角色。催化层微观结构如图 1-6 所示,其作用是提供反应位点并加速氢气的氧化和氧气的还原反应。铂(Pt)作为一种高效的催化剂,在氢气氧化反应中具有出色的活性,但对阴极氧还原反应的活性较低。此外,铂的高成本和容易受到 CO 中毒失效的特点也限制了其在商业化中的广泛应用。

为了提高铂的利用率和降低成本,研究人员致力于开发新型催化剂以及改进催化层的制备方法。常见的做法是将铂颗粒负载在具有良好分散性和导电性的碳材料上,并通过控制其形貌和结构来增大和增强其电化学比表面积和催化活性。此外,开发金属复合的铂催化剂,利用廉价、耐腐蚀的载体以提高稳定性,以及研发非贵金属催化剂来替代铂,也是当前的研究热点之一。

催化层的制备方法主要包括气体扩散电极(GDE)法和催化剂涂覆膜(CCM)法。GDE 法早期曾被广泛采用,其将催化层制备在气体扩散层表面,然后通过热压的方式将阴极和阳极压制在质子交换膜两侧。然而,GDE 法存在催化剂剥离和颗粒渗入等问题,限制了其应用。相比之下,CCM 法采用更为先进的制备技术,将催化层直接制备在质子交换膜上,然后与气体扩散层组合形成膜电极。CCM 法能够有效地解决催化剂与质子交换膜的结合问题,提高了催化剂的利用率和催化层的稳定性。

除了制备方法外,催化层的性能还受到多个宏观参数的影响,如厚度、孔隙率和电解质体积分数等。合理调控这些参数可以有效地提高催化层的电化学性能和稳定性。因此,催化层未来的研究方向将集中在优化制备工艺、提高催化活性和稳定性、降低成本等方面,以推动质子交换膜燃料电池技术的发展和商业化应用。

气体扩散层在燃料电池系统中扮演着至关重要的角色,其设计与性能直接影响着电池的稳定性和效率。GDL 作为多孔电极的核心组成部分,其主要功能包括传导电流、传输气体反应物、排除液态水、支撑催化层,以及促进气体反应物在流道和催化层之间的再分配。为此,GDL 通常采用导电的多孔材料制成,如碳纸、碳布或非织造布等,以确保良好的电子传导和气体扩散特性。

为了提高 GDL 的性能和适应性,人们对其进行了多方面的改性和优化。其中,疏水处理是常见的方法之一,即将 GDL 浸渍于聚四氟乙烯等疏水剂的溶液中,并在高温下烘烤,以构建内部疏水的气相传输通道,从而改善气体和液体传输的效率。此外,对 GDL 的厚度、孔隙率、迂曲度、孔径、渗透系数以及亲疏水性等参数进行精确控制也是优化 GDL 性能的关键。

GDL 的厚度直接影响着电池的传质和传热特性,适当的厚度可以平衡传质阻力和机械强度之间的关系,从而保证电池的稳定性和耐久性。而孔隙率则决定了 GDL 内部多孔结构的体积,进而影响气体和液态水的传输效率。此外,GDL 的迂曲度和孔径也对气体扩散和液态水管理起着重要作用,合理地设计迂曲度和孔径可以有效提高电池的性能和稳定性。

在实际应用中,合适的亲疏水性是保证 GDL 的良好传输特性的关键。采用浸渍法和接触角测量法可以有效评估 GDL 的亲疏水性。但需要注意的是,单纯的表面性质评估并不能充分反映 GDL 内部物质传输通道的实际情况。因此,在设计和改性 GDL 时,需要综合考虑其内部结构和物质传输通道的特性,以实现电池性能的最优化。

微孔层(MPL)是质子交换膜燃料电池(PEMFC)中的关键组成部分。其制备如下:采用碳粉和黏结剂混合制成浆料,再通过刮涂等方式施加于气体扩散层表面,最终通过焙烧形成。微孔层的主要功能包括提高气体扩散层表面平整度、改善孔隙结构、降低催化层和气体扩散层之间的接触电阻,实现气体扩散层和催化层孔隙范围之间的平滑过渡。其存在对液态水管理起积极作用,尤其在低电流密度工况下,有助于维持水合度。然而,在高电流密度下,微孔层可能不利于液态水的排出,导致水淹的风险增加。微孔层的设计与优化涉及碳粉的类型和用量、聚四氟乙烯(PTFE)含量及微孔层内部孔结构等因素,对电池性能有着重要影响。近年来,对微孔层的研究已成为学术界的热点,未来将继续探索其制备工艺和性能影响机制,以提高电池性能、改善水热管理、增强电池运行稳定性和延长电池寿命。

双极板又称为集流板、流场板,是电池的重要部件之一,其作用包括输送和分配燃料和氧化剂、在电池中分隔反应气体、收集电流、将各个单体电池串联起来、水热管理等。在保持一定机械强度和良好阻气作用的前提下,双极板厚度应尽可能薄,以减小对电流和热的传导阻力。双极板的厚度一般为 2～3.7 mm。双极板表面的导流槽用于流通燃气、氧化剂和水,其上刻有各种形状的流道,用于引导反应气体的流动方向,确保反应气体均匀分散到电极的各处,经气体扩散层到达催化层参与电化学反应。双极板的流道设计包括两个方面:一是流道尺寸的设计,图 1-7 所示为双极板流道的横截面,主要的尺寸为流道宽度、流道深度、流道倾角、脊宽度、流道长度等;二是流道的形状和结构,流道的形状有点状、网状、平行沟槽和蛇形等,如图 1-8 所示。流道形状决定气体的传输且可防止水滴的黏附,因此流道必须根据具体情况慎重选择,目前平行沟槽流道和蛇形流道应用广泛。流道的结构设计要考虑介质均匀性、水热管理、接触电阻以及支撑强度等因素。

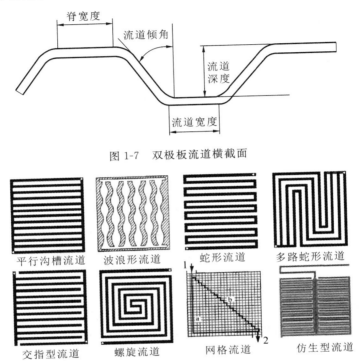

图 1-7　双极板流道横截面

平行沟槽流道　　波浪形流道　　蛇形流道　　多路蛇形流道

交指型流道　　螺旋流道　　网格流道　　仿生型流道

图 1-8　双极板流道形状

　　双极板的材料常用石墨、表面改性的金属或金属与炭黑的复合材料。石墨双极板化学性质稳定,且与 MEA 之间的接触电阻小,因此可以有效减小燃料电池的内部电阻,但石墨是脆性材料,机械强度较低;铝、镍、钛及不锈钢等金属材料也可用于制作双极板,这种双极板成本低、厚度薄,大功率的金属双极板电堆比石墨双极板电堆在体积方面要小得多,因此可以提高电池的体积比功率与比能量;采用金属与碳制成的复合材料双极板由于生产周期长、成本高、机械强度差、电导率高等缺点而在应用方面受到很大限制。总体来说,若双极板与 MEA 之间的接触电阻大,则欧姆电阻产生的极化损失大,运行效率下降。因此在常用的各种双极板中,通常选用石墨材料,而不锈钢和钛的表面均易形成不导电的氧化物膜,使接触电阻增大。

1.4　燃料电池应用

1.4.1　燃料电池在汽车行业中的应用

　　按燃料电池的种类进行分类,电动汽车可以分为直接式和重整式,直接式燃料电池电动汽车的燃料直接使用氢气,需要进一步优化氢气的存储技术;重整式燃料电池电动汽车将甲醇、汽油等转变为氢气或富含氢的混合气作为燃料,由重整所产生的高温带来的连锁问题不容忽视。

　　按照氢燃料的存储方式进行分类,电动汽车可以分为压缩氢、液氢、吸附氢、复合储氢、碳纳米管氢燃料电池电动汽车。压缩氢燃料电池电动汽车使用约 5000 磅/平方英寸的高压压缩气态氢气,可以提高能量密度,但是对容器的耐压性要求较高。液氢燃料电池电动汽车利用超低温(−263 ℃)使氢气液化,这种方式的能源消耗很严重,并且需要谨防泄漏的问题。吸附氢燃料电池电动汽车利用吸氢金属或合金吸附材料对氢进行吸附存储,这种方式尽管安全可行,但是存储效率还有很大的改善空间。复合储氢采用在高压储氢罐中设置储氢合金管芯的结构,使大部分氢气吸留在颗粒状的储氢合金上。碳纳米管具有优越的力学、电学等性能而成为最具潜力的储氢主要载体,多壁碳管间存在石墨层间隙,表面存在大量分子级细孔,比表面积很大,能够吸附大量气体,常温下碳纳米管完全吸氢时间可达到 3～4 h,完全放氢时间可达到 0.5～1 h。

　　电动汽车有纯燃料电池驱动(PFC),燃料电池和蓄电池联合驱动(FC＋B),燃料电池与超级电容器联合驱动(FC＋C),燃料电池、辅助蓄电池、超级电容器联合驱动(FC＋B＋C)四种动力驱动形式。后三种动力驱动形式是混动模式,它们在纯燃料电池驱动系统的基础上结合了蓄电池、超级电容器作为辅助动力源,不仅可以提升汽车的加速、爬坡能力,还可以实现制动能量的回收。其中,PFC 动力系统以燃料电池作为唯一能量源,结构如图 1-9 所示,PFC 动力驱动形式的结构简单,利于整车轻量化,能量传递效率高,缺点是需要的燃料电池功率大、成本高,对燃料电池系统的动态性能和可靠性提出了很高的要求,并且它无法实现制动能量的回收。FC＋B 动力驱动系统由燃料电池和动力蓄电池混合供能,结构如图 1-10所示,蓄电池组的比功率成本更加低廉,蓄电池组可以提供高频功率,也可以在纯电动模式下单独驱动汽车,常用的动力蓄电池为锂电池、铅酸蓄电池等。FC＋B 动力驱动系统的工况适应性好,各项性能均匀,代表车型有现代 NEXO、荣威 950、丰田 MIRAI 等,图 1-11 所示是丰田 MIRAI 燃料电池电动汽车。FC＋C 动力驱动系统加入超级电容器作为动力源,结构如图 1-12 所示,超级电容器是一种新型储能装置,它既具有电容器快速充放电的特性,同时又具有电池的储能特性,对加速、爬坡响应快,启动性能好,缺点是功率密度小,存在自放电特性,代表车型有本田 FCV-3、马自达 FCEV 等,图 1-13 所示是本田 FCX 系列燃料电池电动汽车。FC＋B＋C 动力驱动系统结构如图 1-14 所示,双辅助动力源的结构进一步降低了对燃料电池以及蓄电池的功率要求,优化了汽车的冷启动性能,改善了回收制动能量效果,但使汽车结构复杂,控制难度增大并且系统的质量增加,代表车型有本田 CR-Ve:FCEV。

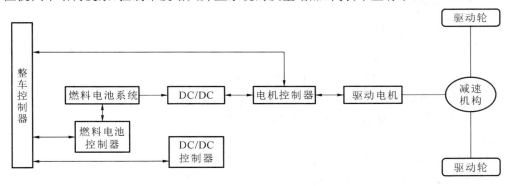

图 1-9　PFC 动力驱动形式的燃料电池电动汽车(FCEV)结构

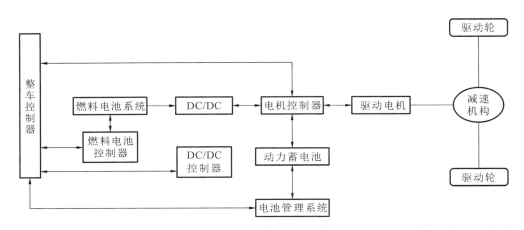

图 1-10　FC＋B 动力驱动形式的燃料电池电动汽车(FCEV)结构

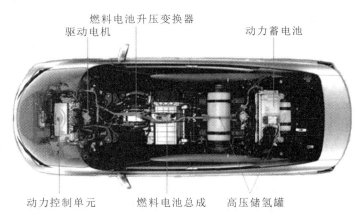

图 1-11　丰田 MIRAI 燃料电池电动汽车

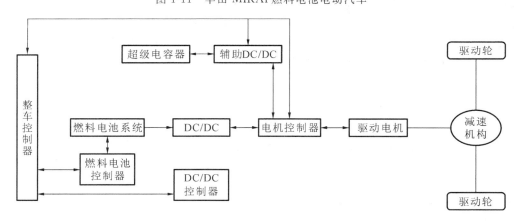

图 1-12　FC＋C 动力驱动形式的燃料电池电动汽车(FCEV)结构

　　日本研究燃料电池技术的时间较早且技术处于世界领先水平。2014 年丰田公司推出了首款商用化的燃料电池电动汽车 MIRAI,成为燃料电池电动汽车发展历史上的重要里程碑,续航里程可达到 650 km。2014 年,本田公司宣布其燃料电池堆的功率密度达到 3 kW/L。随后本田公司也推出了商用化燃料电池电动汽车 CLARITY。2019 年,丰田公司燃料电池乘用车 MIRAI 销量超过 2400 辆,并推出了 10.5 m 燃料电池大巴 Sora。2020

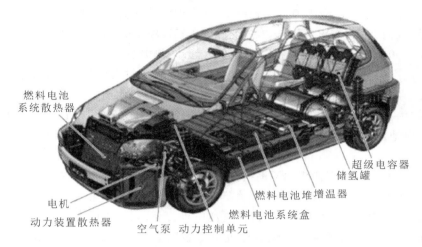

燃料电池
系统散热器

超级电容器
储氢罐

电机

燃料电池堆增温器

动力装置散热器 空气泵 动力控制单元 燃料电池系统盒

图 1-13 本田 FCX 系列燃料电池电动汽车

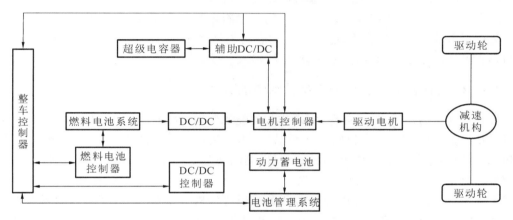

图 1-14 FC＋B＋C 动力驱动形式的燃料电池电动汽车(FCEV)结构

年底新一代丰田 MIRAI 正式上市,相比丰田 MIRAI 一代,丰田 MIRAI 二代在燃料效率上提升约 10％,载氢量提升约 20％,续航里程提高了约 30％。

2014 年,日本公开其氢气及燃料电池战略路线图,为氢气的生产、储存、运输和实际应用规划了发展路线。为尽可能保证其本土氢能供应,日本政府多年来一直积极推动国内和国际间制氢合作,并于 2020 年完成了其全球目前最大的光伏制氢装置——福岛 10 MW 级制氢装置的试运营,计划到 2025 年底建成加氢站共 320 座,到 2030 年,建成加氢站共 900 座,每座加氢站服务车辆约 30 辆。

美国是国际上首个将氢能及燃料电池技术加入其国家战略的国家,于 20 世纪 70 年代便开始对氢能开发研究进行了大量资助,并在 1990 年颁布了《氢能研究、发展及示范法案》,制定了氢能研发五年计划。美国政府在 2006 年制定了《国家燃料电池公共汽车的计划》,开始对燃料电池进行研发。2011 年美国研发的燃料电池汽车在实际道路运行的最长单车寿命已经超过 11000 h,2015 年燃料电池公交车的平均运行时间已经达到 9000 h。美国通用汽车公司在 2017 年推出新一代 100 kW 燃料电池发动机的铂金使用量已经缩减到和传统内燃机的铂金使用量相同。加利福尼亚是美国氢燃料电池汽车商业化程度最高的州,据有关资料显示,截至 2019 年 6 月,加利福尼亚共有 6830 辆燃料电池汽车在运营,数量较其他州遥遥领先。加利福尼亚燃料电池联盟还提出了到 2030 年建成 1000 座加氢站及生产累计 100 万辆燃料电池汽车的远景目标。截至 2020 年末,美国国内氢能源汽车累计保有量约 8900 辆。

欧洲在《2003 到 2010 年的燃料电池客车示范计划》中指出,要在 10 个城市中示范运行戴姆勒公司生产的采用"蓄电池＋12 kW 燃料电池"的燃料电池客车,行驶里程累计大于 130 万英里。2012 年,为进一步加快欧洲燃料电池汽车产业化速度,宝马汽车和丰田汽车达成合作,丰田为宝马汽车提供燃料电池研发技术。2011—2017 年,欧洲 5 个城市示范运行第二代燃料电池汽车,2017 年奔驰汽车推出了世界上第一款可用于量产的插电式氢燃料电池汽车。

韩国在 2006 年对由现代集团资助研发的新一代燃料电池堆组装的 30 辆运动型多用途汽车(sport utility vehicle,SUV)和 4 辆大客车进行示范运行,并根据试运行反馈的数据在 2009 年至 2012 年成功研发出第二代燃料电池电堆。韩国在 2013 年宣布开发小规模量产燃料电池汽车,此后推出了第三代燃料电池电堆技术并将其继续应用于 SUV 及客车。韩国政府于 2019 年公布了《氢能经济发展路线图》,指出至 2025 年,韩国目标打造氢燃料电池汽车年产量 10 万辆的生产体系;至 2040 年,氢燃料电池汽车累计产量有望增至 620 万辆,其中氢燃料电池公交车努力实现 4 万辆,氢燃料电池汽车加氢站将增至 1200 座。2020 年韩国燃料电池汽车全年销量达 5823 辆,同比增长 39％,贡献了当年全球销量的 65％。

1.4.2　燃料电池在航空航天领域中的应用

燃料电池作为一种高效、环保、零碳排放的能源装置,在航空航天领域具有广泛的应用前景。相比于其他常见的燃料电池类型,如固体氧化物燃料电池等,质子交换膜燃料电池(PEMFC)因其适宜的工作温度、高能量密度、高功率密度以及短启动时间等优势,被认为是目前最适合小型无人机的燃料电池类型。

美国海军研究实验室和韩国航空航天研究所等机构已经成功开发了多款燃料电池无人机原型,并进行了试飞任务。例如,2009 年,美国海军研究实验室研发的"Ion Tig©r"型燃料电池无人机已完成了长达 26 h 的飞行任务,并在 2013 年改进版本中实现了 48 h 以上的飞行时间。韩国航空航天研究所也将 Horizon 燃料电池技术公司的 AEROPAK 动力系统成功集成到一架 2.4 m 翼展的 EAV-1 无人机中,并实现了 4.5 h 的续航能力。

此外,燃料电池技术也适用于载人飞机和航天器。例如,空中客车公司成功开发了 E-Fan Electric 飞机,成为第一家使用全电动飞机横渡英吉利海峡的制造商。由 Compofactory 公司设计制造的无人机见图 1-15。美国航空航天局(NASA)也在研发下一代 X-飞机,采用混合动力集成技术,以提高飞机的效率和性能。

图 1-15　由 Compofactory 公司
设计制造的无人机

燃料电池在航空航天领域的优势主要体现在以下几个方面:

(1)高效性　燃料电池具有高能量密度和功率密度,能够为无人机和载人飞机提供持续稳定的动力,从而延长飞行时间和距离。

(2)环保性　与传统燃料动力装置相比,燃料电池的副产物仅为水和热,没有有害气体排放,符合环保要求。

(3) 适应性　质子交换膜燃料电池的工作温度适合航空航天应用的工作环境,能够在各种极端条件下稳定运行。

(4) 可持续性　燃料电池使用的燃料是氢气、甲醇等可再生资源,有利于航空航天领域实现可持续性能源和资源的利用。

1.4.3　燃料电池在储能行业中的应用

燃料电池作为一种清洁高效的能源转换技术,正在逐渐走进储能行业,并展现出广阔的应用前景。储能行业的发展旨在解决能源的不稳定性和间歇性,以及实现能源的高效利用和供需平衡。在这一背景下,燃料电池技术因其高能量密度、低碳排放、快速响应等特点,成为储能行业中备受关注的技术之一。

燃料电池在储能行业中的应用主要体现在电网调峰和备用电源方面。电网调峰是指根据电力系统的负荷变化情况,对电力供应进行调整以维持电网的稳定运行。燃料电池具有快速启动、可靠性高等特点,可以作为电网调峰的有效手段,它通过储存电能并在需要时快速释放来平衡电网负荷,提高电网运行的稳定性和可靠性。同时,作为备用电源,燃料电池可以在突发情况下提供可靠的电力供应,保障关键设施和重要场所的正常运行,如医院、通信基站等。

燃料电池在分布式能源系统中的应用也具有重要意义。随着可再生能源的大规模接入,分布式能源系统的建设逐渐成为能源行业的发展趋势。燃料电池技术作为一种高效的能量转换技术,可以与太阳能、风能等可再生能源相结合,构建分布式能源系统。将燃料电池与可再生能源相结合,可以实现能源的互补利用,提高能源利用效率,并且在微电网等场景中提供可靠的电力供应。

此外,燃料电池还可以应用于电动车辆和储能系统中。随着电动车辆的普及和电网的智能化发展,电动车辆与电网之间的互联互通越来越密切。燃料电池作为一种清洁高效的能源转换装置,可以作为电动车辆的动力源,使电动车辆拥有长续航里程和快速充电等性能,同时还可以将电动车辆作为移动的储能装置,参与到电网调峰等储能应用中。

第 2 章 燃料电池电化学基础与建模

第 1 章主要介绍了燃料电池的基本原理、发展历史、不同分类以及行业应用。本章主要介绍燃料电池的电化学基础知识,以数学语言描述燃料电池的电化学过程(包括电极反应、离子传导和电荷转移等过程),并建立数学模型,这些对于预测燃料电池的行为和指导燃料电池设计非常关键。

2.1 电极反应动力学

燃料电池可以直接将燃料的电化学能转化为电能,下面以氢燃料电池为例介绍其工作原理。

在阳极,氢气分子被催化剂催化,分裂成两个质子(H^+)和两个电子(e^-),产生的质子通过质子交换膜向阴极移动,而电子则通过外部电路向阴极移动,产生电流。这个过程可以用化学方程式表示为

$$H_2 \longrightarrow 2H^+ + 2e^- \tag{2.1}$$

在阴极,氧气分子、通过外部电路传输来的电子以及通过质子交换膜传输来的质子相互结合生成水,这个过程可以用化学方程式表示为

$$\frac{1}{2}O_2 + 2H^+ + 2e^- \longrightarrow H_2O \tag{2.2}$$

在工程应用中,为了提升燃料电池系统效率,往往会向系统通入过量的燃料和氧化物,因此在反应发生的电解质与电极的交界面上,需要将电极设计为多孔结构,以使气体到达反应点,且多余的气体和反应生成的水流出。此外,这些反应都是整体反应,可以同时存在,并且存在着多个串行和并行的过程。

2.1.1 燃料电池的理论电势

一般情况下,电功是电荷和电势的积:

$$W_{el} = qE \tag{2.3}$$

式中:W_{el} 为电功,J/mol;q 为电荷,C/mol;E 为电势,V。

每消耗 1 mol 氢,反应的总电荷量表示为

$$q = nN_{Avg}q_{el} \tag{2.4}$$

式中:n 为每个氢分子的电子数,取为 2;N_{Avg} 为阿伏伽德罗常数,表示每摩尔的分子数,取为 $6.022 \times 10^{23} \, \text{mol}^{-1}$;$q_{el}$ 表示 1 个电子的电荷量。阿伏伽德罗常数与一个电子的电荷量的积称为法拉第常数 F,取为 96485 C/mol。

燃料电池理论产生的最大电能即吉布斯自由能,因此燃料电池的理论电势为

$$E = \frac{-\Delta G}{nF} = \frac{\Delta H - T\Delta S}{nF} \tag{2.5}$$

式中:ΔG 为吉布斯自由能,J/mol;ΔH 为焓,kJ/mol;ΔS 为熵,kJ/(mol·K)。

根据表 2-1 可计算 ΔH 和 ΔS,表达式为

$$\Delta H = (h_f)_{H_2O} - (h_f)_{H_2} - \frac{1}{2}(h_f)_{O_2} \tag{2.6}$$

$$\Delta S = (s_f)_{H_2O} - (s_f)_{H_2} - \frac{1}{2}(s_f)_{O_2} \tag{2.7}$$

将式(2.6)和式(2.7)代入式(2.5)可得

$$E = \frac{-\Delta G}{nF} = \frac{\Delta H - T\Delta S}{nF} = \frac{237340}{2 \times 96485} \text{ V} = 1.23 \text{ V} \tag{2.8}$$

同时,燃料电池的最大理论效率 η 为 ΔG 与 ΔH 的比值,即

$$\eta = \frac{\Delta G}{\Delta H} = \frac{237.34 \text{ kJ/mol}}{286 \text{ kJ/mol}} \times 100\% = 83\% \tag{2.9}$$

表 2-1 燃料电池反应物和产物形成的焓和熵(25 ℃,1 atm)

反应物/产物	h_f/(kJ/mol)	s_f/(kJ/(mol·K))
氢气 H$_2$	0	0.13066
氧气 O$_2$	0	0.20517
水(液体)H$_2$O(l)	−286.02	0.06996
水(气体)H$_2$O(g)	−241.98	0.18884

2.1.2 燃料电池电化学反应速率

电化学反应包含了电荷转移和吉布斯自由能的变化。电化学反应速率取决于电荷从电解质转移到电极所克服的活化能垒。在电化学领域中,电流是指电极表面生成或者消耗电子的速率,电流密度则是单位面积上的电流。根据法拉第定律,电流密度与转移电荷和单位面积上反应物消耗量成正比,即

$$i = nFj \tag{2.10}$$

式中:nF 表示转移电荷,C/mol;j 表示单位面积的反应物消耗量,mol/(s·cm^2)。

在工程测试中,我们往往测量的是净电流,即电极上正向电流与反向电流之差。在电极处于平衡条件下,即没有外部电流产生时,阳极氧化反应与阴极还原反应的速率相同。反应物组分的消耗与其表面浓度成正比。则其正向反应的通量为

$$j_f = k_f C_{Ox} \tag{2.11}$$

式中:k_f 为正向反应(还原)速率系数,s^{-1};C_{Ox} 为正向反应组分的表面浓度,mol/cm^2。

同理,逆向反应的通量为

$$j_b = k_b C_{Rd} \tag{2.12}$$

式中:k_b 为逆向反应(氧化)速率系数,s^{-1};C_{Rd} 为逆向反应组分的表面浓度,mol/cm^2。

两种反应均产生或者消耗电子,而产生电子与消耗电子之差就是净电流:

$$i = nF(k_f C_{Ox} - k_b C_{Rd}) \tag{2.13}$$

正向反应和逆向反应是同时发生的,当正向反应与逆向反应的速率相同时,净电流为

0,此时达到平衡状态。平衡状态下的反应速率称为交换电流密度。

2.1.3 燃料电池反应转移系数

对于一个电化学反应,其反应速率系数为一个与吉布斯自由能有关的函数,其表达式为

$$k = \frac{k_B T}{h} \exp\left(\frac{-\Delta G}{RT}\right) \tag{2.14}$$

式中:k_B 为玻尔兹曼常数,$k_B = 1.38 \times 10^{-23}$ J/K;h 为普朗克常数,$h = 6.626 \times 10^{-34}$ J·s。

电化学的吉布斯自由能包括化学能项和电能项,还原反应和氧化反应的吉布斯自由能表达式如下。

还原反应:

$$\Delta G = \Delta G_{ch} + \alpha_{Rd} F E \tag{2.15}$$

氧化反应:

$$\Delta G = \Delta G_{ch} - \alpha_{Ox} F E \tag{2.16}$$

式中:ΔG_{ch} 表示吉布斯自由能的化学能分量;α_{Rd}、α_{Ox} 为转移系数;F 为法拉第常数;E 为电位。

在燃料电池中,电化学反应主要为氢氧化和氧还原。在稳定状态下,所有的过程速率必须相等,且反应速率由这一系列过程中最慢的速率所决定,称为速率决定步骤。为了描述这一多步骤的过程,引入了转移系数 α 这一更具经验性的参数。此时,$\alpha_{Rd} + \alpha_{Ox}$ 有如下表达式:

$$\alpha_{Rd} + \alpha_{Ox} = \frac{n}{v} \tag{2.17}$$

式中:n 为反应中的电子转移个数;v 为化学计量数,表示整个反应过程中速率决定步骤必须发生的次数。

因此,式(2.13)中的反应速率系数可以表示为

$$k_f = k_{0,f} \exp\left(\frac{-\alpha_{Rd} F E}{RT}\right) \tag{2.18}$$

$$k_b = k_{0,b} \exp\left(\frac{\alpha_{Ox} F E}{RT}\right) \tag{2.19}$$

式中:$k_{0,f}$、$k_{0,b}$ 分别表示标准条件下(或者零电位下)的正向反应速率系数和逆向反应速率系数,它们是速率系数的基准值,用来描述反应在无电场影响时的本征速率。

2.1.4 Butler-Volmer 方程

将上述带入式(2.13),可得电流密度为

$$i = nF\left[k_{0,f} \exp\left(\frac{-\alpha_{Rd} F E}{RT}\right) C_{Ox} - k_{0,b} \exp\left(\frac{\alpha_{Ox} F E}{RT}\right) C_{Rd}\right] \tag{2.20}$$

反应式在两个方向上同时发生,在达到平衡时电位为 E_r 且净电流为 0。平衡状态下的交换电流密度为

$$i_0 = nFk_{0,f} \exp\left(\frac{-\alpha_{Rd} F E_r}{RT}\right) C_{Ox} = nFk_{0,b} \exp\left(\frac{\alpha_{Ox} F E_r}{RT}\right) C_{Rd} \tag{2.21}$$

联立式(2.20)和式(2.21),可以得到电流密度和电位之间的关系:

$$i = i_0 \left\{ \exp\left[\frac{-\alpha_{Rd} F(E - E_r)}{RT}\right] - \exp\left[\frac{\alpha_{Ox} F(E - E_r)}{RT}\right] \right\} \tag{2.22}$$

式(2.22)被称为巴特勒-福尔默(Butler-Volmer)方程,其中 E_r 为可逆电位或平衡电位。根据定义,燃料电池阳极上的可逆电位或平衡电位为 0 V。在 25 ℃ 和 1 atm(1 atm = 101.325 kPa)条件下,燃料电池阴极上的可逆电位为 1.229 V,该电位随温度和压力而变化。两个电极的可逆电位之差称为过电位。

对于燃料电池中的阳极反应和阴极反应,巴特勒-福尔默方程的表达式如下。

阳极:

$$i_a = i_{0,a}\left\{\exp\left[\frac{-\alpha_{Rd,a}F(E_a - E_{r,a})}{RT}\right] - \exp\left[\frac{\alpha_{Ox,a}F(E_a - E_{r,a})}{RT}\right]\right\} \tag{2.23}$$

阴极:

$$i_c = i_{0,c}\left\{\exp\left[\frac{-\alpha_{Rd,c}F(E_c - E_{r,c})}{RT}\right] - \exp\left[\frac{\alpha_{Ox,c}F(E_c - E_{r,c})}{RT}\right]\right\} \tag{2.24}$$

阳极上的过电位为正($E_a > E_{r,a}$),这使得式(2.23)中的第一项可以忽略,即以氧化电流为主,则式(2.23)可简化为

$$i_a = -i_{0,a}\exp\left[\frac{\alpha_{Ox,a}F(E_a - E_{r,a})}{RT}\right] \tag{2.25}$$

此时,阳极所产生的电流为负,表示电子正在离开电极(净氧化反应)。

同理,阴极上的过电位为负($E_c < E_{r,c}$),这使得式(2.24)中的第一项远大于第二项,即以还原电流为主,则式(2.24)可简化为

$$i_c = i_{0,c}\exp\left[\frac{-\alpha_{Rd,c}F(E_c - E_{r,c})}{RT}\right] \tag{2.26}$$

式(2.25)和式(2.26)并不适用于 i 值非常小的情况。

对于采用 Pt 催化剂的氢/氧燃料电池而言,上述方程中的转移系数约为 1。上述方程中,交换电流密度中的 n 表示参与的电子数。一般情况下,在燃料电池的阳极侧 $n=2$,阴极侧 $n=4$,且 n 与 α 之积约为 1。Larminie 和 Dicks 指出对于氢燃料电池的阳极,$\alpha=0.5$,对于阴极,$\alpha=0.1\sim0.5$。Newman 指定 α 在 0.2~2 之间。

2.1.5　交换电流密度

电化学反应中的交换电流密度 i_0 类似于化学反应中的速率常数,其与浓度和温度相关,同时也是电极催化剂承担量和催化剂比表面积的函数。如果给定实际单位催化剂表面积上的参考交换电流密度,则在任何温度和压力下,交换电流密度可以表示为

$$i_0 = i_0^{ref}a_cL_c\left(\frac{P_r}{P_r^{ref}}\right)^\gamma\exp\left[-\frac{E_c}{RT}\left(1 - \frac{T}{T_{ref}}\right)\right] \tag{2.27}$$

式中:i_0^{ref} 为单位催化剂表面积上的参考交换电流密度;a_c 为催化剂比表面积;L_c 为催化剂承担量;P_r 为反应物局部压力;P_r^{ref} 为参考压力;γ 为压力相关系数,取值范围为 0.5~1.0;E_c 为活化能,铂上氧还原的活化能为 66 kJ/mol;R 为气体常数,为 8.314 J/(mol·K);T 为工作温度;T_{ref} 为参考温度,取 298.15 K。

2.2　电压损耗

在给定条件下,对燃料电池提供燃料,但电路开路,此时燃料电池的电位应当正好等于

或者接近理论电位。然而在实际过程中,开路时的电位要明显低于理论电位(通常会低1 V)。这种现象主要是由下列因素引起:

① 电化学反应动力;

② 内部电子阻抗和离子阻抗;

③ 电堆双极板的通气性;

④ 内部(杂散)电流;

⑤ 反应物互相渗透。

这种现象称为极化或者过电位,体现为电极电位与平衡电位之差。通常来说,这种电位差用来表征电压和功率的损耗。

2.2.1　活化损失

如巴特勒-福尔默(Butler-Volmer)方程所示,在平衡状态下需要电压差来驱动电化学反应,称为活化极化,这一过程最终表征为活化损失。其与缓慢的电极过程动力学相关,且电堆的电流密度越高,活化损失越小。在通常情况下,阳极和阴极都会产生该损耗,但是阴极还原反应需要更高的过电位,比阳极氧化反应要慢得多。

当低于平衡电位时,巴特勒-福尔默方程中的第一项为主导项,则活化损失可表示为

$$\Delta V_{act,c} = E_{r,c} - E_c = \frac{RT}{\alpha_c F}\ln\left(\frac{i}{i_{0,c}}\right) \tag{2.28}$$

同理,在高于平衡电位时,巴特勒-福尔默方程中的第二项成为主导项,活化损失可表示为

$$\Delta V_{act,c} = E_a - E_{r,a} = \frac{RT}{\alpha_a F}\ln\left(-\frac{i}{i_{0,a}}\right) \tag{2.29}$$

根据定义,电化学反应中氢氧化反应的可逆电位在任何温度下均为 0,因此可以采用标准氢电极作为参考电极。对于氢阳极,$E_{r,a}=0$ V。氢氧化反应的活化极化远小于氧化还原反应的活化极化。

在学界,塔费尔(Tafel)方程是一种用于表征活化损失的简化方程,即

$$\Delta V_{act} = a + b\log i \tag{2.30}$$

式中:b 称为塔费尔斜率。

塔费尔方程是一个经验方程,通过与式(2.28)和式(2.29)比较可得:

$$a = -2.3\frac{RT}{\alpha F}\log i_0 \tag{2.31}$$

$$b = 2.3\frac{RT}{\alpha F} \tag{2.32}$$

在任何温度下,塔费尔斜率仅取决于转移系数 α。在 $\alpha=1$ 时,塔费尔斜率在 60 ℃时约每十倍程 60 mV,对于在铂上的氧化还原反应,这是典型值。

如果以对数标度绘制电压-电流关系,则能很容易检测出主要参数 a、b 和 i_0。

电池电位可表示为

$$\begin{aligned} E_{cell} &= E_c - E_a = E_r - \Delta V_{act,c} - \Delta V_{act,a} \\ &= E_r - \frac{RT}{\alpha_c F}\ln\left(\frac{i}{i_{0,c}}\right) - \frac{RT}{\alpha_a F}\ln\left(\frac{i}{i_{0,a}}\right) \end{aligned} \tag{2.33}$$

如果忽略阳极极化,则上式可表示为

$$E_{cell} = E_r - \frac{RT}{\alpha F}\ln\left(\frac{i}{i_0}\right) \tag{2.34}$$

此式与塔费尔方程形式相同。

2.2.2　内部电流和渗透损失

通常,质子交换膜被认为是非导电的,主要用于传递质子,而阻止两侧反应物的渗透。然而,在实际工程应用中,仍会有少量氢气因浓度梯度而扩散到阴极。此外,也有一些电子通过膜的微小缺陷,即所谓的"捷径",穿越到另一侧。由于每个氢分子携带两个电子,因此氢气的穿透和所谓的内部电流在本质上是等价的。这意味着,通过质子交换膜扩散到阴极侧并参与燃料电池反应的每个氢分子,实际上导致了两个电子没有流过外部电路。这种损失在燃料电池的正常工作中通常是微不足道的,因为氢气的渗透率或电子的泄漏率远低于氢气的消耗率或产生的总电流。然而,如图 2-1 所示,燃料电池在处于开路电压状态或在非常低的电流密度下工作时,这些损失可能会对其性能产生显著影响。

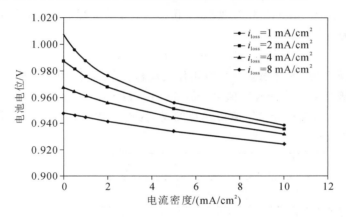

图 2-1　内部电流和氢渗透损耗对开路电位的影响

总电流是外部电流与由于燃料渗透和内部电流引起的电流损耗之和:

$$I = I_{ext} + I_{loss} \tag{2.35}$$

电流密度(单位为 A/cm^2)的定义式为

$$i = \frac{I}{A} \tag{2.36}$$

则式(2.35)可变为

$$i = i_{ext} + i_{loss} \tag{2.37}$$

如果将式(2.37)代入电池电位的近似计算方程式(2.34),则可得

$$E_{cell} = E_r - \frac{RT}{\alpha F}\ln\left(\frac{i_{ext} + i_{loss}}{i_0}\right) \tag{2.38}$$

因此,即使外部电流等于零,在给定条件下,电池电压也显著低于可逆电位。实际上,氢燃料电池的开路电压(OCV)通常小于 1 V,大多为 0.94~0.97 V(取决于压力和膜的水合状态),计算式为

$$E_{cell,OCV} = E_r - \frac{RT}{\alpha F}\ln\left(\frac{i_{loss}}{i_0}\right) \tag{2.39}$$

尽管氢渗透和内部电流在本质上是等效的,但它们在燃料电池中产生了不同的物理效应。氢气穿透膜到达阴极时,不会参与阳极的电化学反应,而是直接在阴极与催化剂表面的氧发生反应,按照 $H_2 + \frac{1}{2}O_2 \longrightarrow H_2O$ 的化学反应方程进行。这一过程实际上降低了阴极

（及电池）的电位,即实现了阴极的去极化。这种情况下,电池的总电流等于外部电路的电流。虽然氧的渗透率远低于氢,但氧也能穿透膜,并在阳极引起类似的去极化效应。

此外,氢气的穿透性取决于膜的透气性、厚度以及膜两侧氢气的局部压力差——这是氢渗透的主要驱动力。开路电位极低(远低于 0.9 V),通常表明存在泄漏或电路短路。随着燃料电池开始产生电流,催化层的氢浓度下降,从而减少了穿透膜的氢气。因此,这些渗透损耗通常在工作电流中被忽视。

2.2.3 欧姆损失

欧姆损失主要是指电解质中对离子流的阻抗以及对流过燃料电池导电原件的电子流的阻抗。根据欧姆定律,这些损耗可以表示为

$$\Delta V_{ohm} = iR_i \tag{2.40}$$

式中:i 为电流密度,A/cm^2;R_i 为电池总内阻(包括离子电阻、电子电阻以及接触电阻),$\Omega \cdot cm^2$,表达式为

$$R_i = R_{i,i} + R_{i,e} + R_{i,c} \tag{2.41}$$

即使将石墨或石墨/聚合物复合材料用作集流板,电子电阻仍可忽略不计。离子电阻和接触电阻的数量级近似。R_i 的典型值介于 0.1~0.2 $\Omega \cdot cm^2$。图 2-2 给出了燃料电池的典型欧姆损耗($R_i = 0.15$ $\Omega \cdot cm^2$)。值得注意的是,为便于比较这些损耗的幅值,图 2-2 和图 2-3 使用了相同的标度。

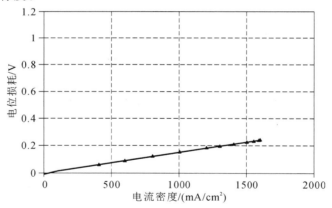

图 2-2　燃料电池中的欧姆损耗($R_i = 0.15$ $\Omega \cdot cm^2$)

2.2.4 浓度损失

当电化学反应中反应物在电极上快速消耗而形成浓度梯度时,就会发生浓度极化。之前已知电化学反应的电位会随着反应物的部分压力而变化,且这种关系可由能斯特方程描述:

$$\Delta V = \frac{RT}{nF}\ln\left(\frac{C_B}{C_S}\right) \tag{2.42}$$

式中:C_B 为反应物总浓度,mol/cm^3;C_S 为催化剂表面的反应物浓度,mol/cm^3。

根据一维扩散过程的菲克(Fick)定律,反应物扩散通量与浓度梯度成正比:

$$N = \frac{D \cdot (C_B - C_S)}{\delta}A \tag{2.43}$$

式中:N 为反应物通量,mol/s;D 为反应物组分的扩散系数,mol/s;A 为电极活化面积,

cm^2；δ 为扩散距离，cm。

在稳态下，电化学反应中反应物的消耗速率等于扩散通量：

$$N = \frac{I}{nF} \tag{2.44}$$

联立式（2.43）和式（2.44），可得以下关系式：

$$i = \frac{nF \cdot D \cdot (C_B - C_S)}{\delta} \tag{2.45}$$

由此可得，催化剂表面处的反应物浓度取决于电流密度，电流密度越高，表面浓度越低。当消耗速率与扩散速率相等时，表面浓度达到 0。也就是说，反应物的消耗速率与其到达表面的速率相同，由此导致催化剂表面的反应物浓度等于 0。此时的电流密度称为极限电流密度。由于催化剂表面没有更多的反应物，因此燃料电池产生的电流不会超过极限电流。因此，对于 $C_S = 0$，$i = i_L$，极限电流密度为

$$i_L = \frac{nFDC_B}{\delta} \tag{2.46}$$

联立式（2.42）、式（2.45）和式（2.46），可得如下由于浓度极化引起的电压损耗关系式：

$$\Delta V_{conc} = \frac{RT}{nF} \ln\left(\frac{i_L}{i_L - i}\right) \tag{2.47}$$

图 2-3 给出了燃料电池中的浓度极化损耗。理论上当接近极限电流时，燃料电池的电位会急剧下降。然而，在实际应用中，由于多孔电极区域中电流分布的不均匀性，燃料电池的电流几乎不可能达到极限电流。要实现燃料电池电位的急剧下降，整个电极表面的电流密度必须均匀分布，这在实际中难以实现，因为电极表面是由离散的粒子构成的。因此，虽然某些粒子可能达到极限电流密度，但其他粒子可能仍在正常工作。无论是在阴极还是在阳极，都可能观察到极限电流密度的达成。

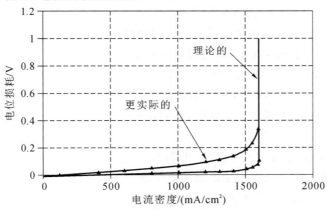

图 2-3　燃料电池中的浓度极化损耗

另一个未观察到燃料电池电位急剧下降的原因是交换电流密度依赖于催化剂表面反应物的浓度 C_S。当电流密度接近极限电流密度时，表面浓度及其引起的交换电流密度将趋近于零，如式（2.27）所示。根据式（2.27）或式（2.34），这将导致额外的电压损失，而不是电位的急剧下降。

金（Kim）等人提出了一种描述浓度极化损耗更好的经验公式：

$$\Delta V_{conc} = c \cdot \exp\left(\frac{i}{d}\right) \tag{2.48}$$

式中：c 和 d 为经验系数（$c = 3 \times 10^{-5}$ V，$d = 0.125$ A/cm^2）。但显然，这些系数取决于燃料

电池的内部条件,因此,对于每个燃料电池,需试验确定这些参数。

2.3　燃料电池的性能表征方式

通过前文可知,燃料电池的输出电压等于理想电压减去各类电压损失(活化损失、欧姆损失和浓度损失),因此量化电池各类损失的大小,对探究燃料电池水热管理及提高电池性能有着至关重要的意义。燃料电池本身是一个复杂的电化学体系,基于电化学表征测试可获取其内部复杂的电化学特性,如阻抗、氢渗透、电极有效反应面积等参数。电化学表征测试技术根据系统的状态可分为稳态测量和瞬态测量:稳态测量即需要燃料电池系统处于稳定工况下才可进行电化学测量,对干扰较为敏感,如电化学阻抗谱法;瞬态测量则在任何工况下都可以进行测量,如高频阻抗法。

燃料电池在工作过程中需要对其输出特性进行表征,同时也需要通过各种输出情况判断燃料电池的工作状态,因此,量化电压等参数对于燃料电池的水热管理和性能提升具有至关重要的意义。通常来说,我们希望采用一些无须拆卸或破坏燃料电池的方式进行测试。电化学表征测试能够获取燃料电池内部复杂的电化学特性,如阻抗、氢渗透和电极有效反应面积等参数。这些参数的测量和分析通常使用的方法有极化曲线法、电化学阻抗谱(electrochemical impedance spectroscopy,EIS)法、电流中断(CIM)法、循环伏安(CV)法、线性扫描伏安(LSV)法等。

2.3.1　极化曲线法

极化曲线(i-E 曲线)是表征燃料电池性能的重要手段。燃料电池的整体性能和功率密度主要由电流-电压响应确定,通过极化曲线可以识别性能更好的燃料电池。

极化曲线的基本测量内容包括电流和电压的测量。其他操作条件,如压力、温度和气体流速,也会影响燃料电池的性能,并通过极化曲线表现出来。需要注意的是,测试程序会影响极化曲线。例如,如果燃料电池关闭了一段时间再重新启动,其极化曲线可能与从关闭后立即重新启动的极化曲线不同。此外,如果极化曲线的扫描方向相反,通常会出现滞后效应。因此,为了比较两种燃料电池的性能,必须在相同的操作条件下获得极化曲线,并使用相同的测试程序。

开路电压(OCV)表示在没有电流流动的情况下,燃料电池的最大可能电压。对于给定的化学反应,吉布斯自由能提供了给定温度下的理论平衡电池电压。一般来说,使用空气和氢气运行的低温燃料电池的开路电压在 0.95~1.0 V。低于这一范围的电压表示存在电压损失,如由于膜破损导致气体交叉或外电路短路。此外,催化剂或电解质中毒、质子交换膜燃料电池(PEMFC)中膜脱水也可能导致电压降低。电池电压作为电流密度的函数可以通过控制电压并测量电流(恒电位法)或控制电流并测量电压(恒电流法)来获得。在稳态条件下,这两种方法得到的极化曲线是一致的。然而,在非稳态条件下,这两种方法可能会得到不同的极化曲线,这是由于燃料电池在短时间内没有足够时间达到稳定状态。

为了获得稳态的极化曲线,燃料电池必须处于稳态,通常通过从低电流密度(如 5 mA/cm²)逐渐增加到最大期望值(如 1 A/cm²)来获取数据。在每个电流值下保持几分钟,以使电压达到稳定值。电流的小幅增加和每个电流值下足够的停留时间能够确保燃料电池内良好的水平衡,并提供稳定的性能数据。小型燃料电池(<1 kW)可能需要几分钟达到稳定状态,而大型燃料电池(>5 kW)可能需要 30 min 以上。扫描速度对极化曲线的影响很大。对于小型燃料电池,可以通过在不同扫描速度下进行测量,找到不会随扫描速度进一步降低而变化的极化曲线的扫描速度。

极化曲线不仅可以用于定量描述燃料电池的整体性能,还可以用于识别和量化不同的损耗。

① 活化损耗:在低电流密度下,欧姆损耗可以忽略不计,活化损耗可以直接从极化曲线中获得。

② 欧姆损耗:通过极化曲线可以量化欧姆损耗。

③ 浓度损耗:可以识别极限电流密度。

对于低电流密度,极化曲线的半对数图是线性的,可以拟合到塔费尔方程,如图 2-4 所示。线性拟合可以确定电荷转移系数 α 和交换电流密度 i_0。利用活化损失方程,可以近似计算整个极化曲线在电流密度下的活化损耗。下式为采用塔费尔方程形式的活化损耗方程:

$$\eta = \frac{RT}{\alpha F}\ln\left(\frac{I}{I_0}\right) \tag{2.49}$$

式中:η 为过电位,主要用来表示该化学反应中的活化损耗;R 为摩尔气体常数;T 为绝对温度,K;α 为电荷转移系数;F 为法拉第常数;I 为电流密度;I_0 为参考电流密度。

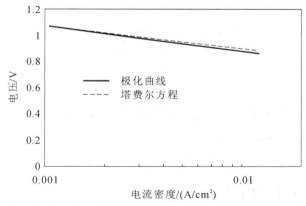

图 2-4　半对数图上低电流密度下极化曲线的线性性质和塔费尔方程拟合

当我们考虑完整的电流密度区间时,即可得到图 2-5。

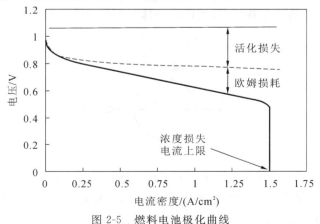

图 2-5　燃料电池极化曲线

极化曲线的计算一般根据以下公式进行：

$$E = E_0 - E_{act} - E_{ohm} - E_{conc} \tag{2.50}$$

式中：E 为燃料电池实际输出电压；E_0 为能斯特开路电压；E_{act} 为活化损失电压；E_{ohm} 为欧姆损失电压；E_{conc} 为浓度损失电压。

2.3.2 电化学阻抗谱法

电化学阻抗谱（EIS）法是一种可以在短时间内准确无损地获取电池内部各项损失的测试技术，常用来分析电池阴、阳极活化阻抗、欧姆阻抗和浓度阻抗（对应活化损失、欧姆损失和浓度损失）。我们知道，阻抗表示的是被测量系统对电流流动的阻碍能力，其数值为随时间变化的电压与对应电流的比值：

$$Z = \frac{V(t)}{i(t)} \tag{2.51}$$

式中：Z 为阻抗；$V(t)$ 为电压关于时间的变化；$i(t)$ 为电流关于时间的变化。

我们对燃料电池输入一个电流激励信号，观察其电流与电压间的扰动关系，以此判断燃料电池内部的电化学阻抗，其中，激励信号应该满足以下两个特点：

① 被测量系统必须保持暂态稳定（电池性能没有明显波动）；

② 施加的扰动信号相对于被测量系统要尽量小，保证扰动信号消失后，系统可以恢复到最初的状态，使系统一直处于线性状态中。

对于输入的电流激励信号，我们将其用交流电表示：

$$\begin{cases} V(t) = V_0 \cos(\omega t) \\ i(t) = I_0 \cos(\omega t - \phi) \\ \omega = 2\pi f \end{cases} \tag{2.52}$$

式中：V_0 为电压的振幅；I_0 为电流的振幅；ω 为角频率；ϕ 为相位差；f 为频率，Hz。将其用复数形式表达为实部和虚部，如下式：

$$Z = \frac{V_0 \cos(\omega t)}{I_0 \cos(\omega t - \phi)} = Z_0 \cdot (\cos \phi + j \sin \phi) \tag{2.53}$$

扰动信号取决于电池的阻抗特性和测试仪器的测量范围，扰动信号过小可能会导致响应信号无法被电化学工作站捕捉，扰动信号过大则可能会干扰电池的运行状态，产生的响应信号有可能超出仪器最大安全值从而损坏测量仪器。扰动频率的选择范围常为 100 kHz～100 MHz。此外，为了使测量精确，常用四电极体系测量电池阻抗，如图 2-6 所示。

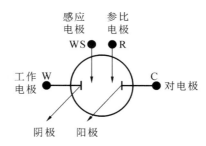

图 2-6　四电极体系测量电池阻抗示意图

在交流阻抗谱测量中，正弦电流或电压可以表示为旋转矢量，旋转速度为 ω（单位为 rad/s）。实际的同相分量（即实数分量）是观察到的电压或电流，而虚数分量则是未观察的部分。当电压"强迫"电流时,若两者同相,矢量重合一起旋转;若异相,则以相同角频率 ω 旋转,但存在恒定角度 ϕ 偏移。在 EIS 测量中,电流和电压矢量以同一参考系为基准,不会显示信号的时间依赖性。绘制奈奎斯特图时,将阻抗 Z 的实部作为 x 轴,虚部作为 y 轴。表 2-2 为常见的奈奎斯特图。

表 2-2　常见电路及其奈奎斯特图

电路	奈奎斯特图

对于燃料电池,我们还需要引入浓度损失带来的阻抗,即 Warburg 阻抗。Warburg 阻抗是由扩散引起的质量传输的结果。由于扩散速度慢,Warburg 阻抗在小物质浓度下显著,而对于大物质浓度,Warburg 阻抗可以忽略不计。该阻抗取决于潜在扰动的频率。在高频下,Warburg 阻抗很小,因为扩散反应物不必移动得很远;在低频下,反应物必须扩散得很远,从而使 Warburg 阻抗增加。"无限"Warburg 阻抗的方程为

$$Z = \frac{\sigma}{\sqrt{\omega}}(1 - \mathrm{j}) \tag{2.54}$$

在奈奎斯特图上,"无限"Warburg 阻抗表示为斜率为 1 的对角线。在伯德图上,Warburg 阻抗表现出 45°的相移。在式(2.54)中,Warburg 阻抗系数 σ 一般定义为

$$\sigma = \frac{RT}{n^2 F^2 A \sqrt{2}}\left(\frac{1}{C_{\mathrm{Ox}}}\frac{1}{\sqrt{D_{\mathrm{Ox}}}}\frac{1}{C_{\mathrm{Rd}}}\frac{1}{\sqrt{D_{\mathrm{Rd}}}}\right) \tag{2.55}$$

式中:n 为转移的电子数;D_{Ox} 为氧化剂的扩散系数;D_{Rd} 为还原剂的扩散系数;A 为电极的表面积;C_{Ox} 和 C_{Rd} 分别是氧化剂扩散物质的体积浓度和还原剂扩散物质的体积浓度。这种形式的 Warburg 阻抗仅在气体扩散层具有无限大的厚度时才有效。很多时候,情况并非如

此。如果气体扩散层是有界的,则较低频率下 Warburg 阻抗不再服从上述公式,此时它有一个更通用的方程形式,称为"有限"Warburg 方程:

$$Z_0 = \frac{\sigma}{\sqrt{\omega}}(1-\mathrm{j})\tan\left(\delta\sqrt{\frac{\mathrm{j}\omega}{D}}\right) \tag{2.56}$$

式中:δ 为气体扩散层厚度;D 是扩散物质扩散系数的平均值。

对于燃料电池,通常使用 R 表示各种欧姆损失,使用电阻电容反映阳极与阴极的活化损失,采用 Warburg 阻抗反映浓度损失。图 2-7 所示为一个常见的氢燃料电池奈奎斯特图。

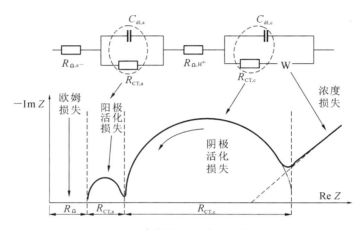

图 2-7　氢燃料电池奈奎斯特图

2.3.3　循环伏安法

循环伏安(CV)法是一种广泛应用于电化学研究中的技术,用于研究电活性物质和电极表面的反应特性。在 CV 实验中,工作电极的电位随时间线性地增加到预设值,当达到该电位后,电位反转并下降,这种反转过程可在单次实验中多次重复。整个过程由三电极系统控制,包括工作电极、参比电极和辅助电极,三电极系统连接到恒电位仪上。恒电位仪控制并保持工作电极与参比电极之间的电位,同时记录工作电极的电流,电荷在工作电极和辅助电极之间流动。记录的电流与电位关系图称为循环伏安图,其中电位沿 x 轴绘制,左侧表示氧化电位,右侧表示还原电位;电流沿 y 轴绘制,阴极电流(还原电流)向上为正,阳极电流(氧化电流)向下为负。循环伏安图能够揭示电化学反应的动力学机制,如电极过程的可逆性、反应物和产物的扩散特性、反应速率常数等。

当用循环伏安法测量膜电极(MEA)时,惰性气体(如氮气或氩气)被送入燃料电池的一极,氢气被送入另一极。向燃料电池的两端施加三角波进行电压扫描(正极连接到燃料电池的被测端),以观察响应电流的变化,同时避免催化剂和碳载体在高压下被腐蚀。图 2-8 是一个经典的燃料电池循环伏安法测试结果。

循环伏安法测量过程中,不同电压区间内发生的反应可通过以下反应式描述。

在吸附过程中,铂电极表面发生如下反应:

$$\mathrm{Pt} + \mathrm{H}^+ + \mathrm{e}^- \longrightarrow \mathrm{Pt\text{-}H_{ads}} \tag{2.57}$$

在脱附过程中,铂电极表面发生如下反应:

$$\mathrm{Pt\text{-}H_{ads}} \longrightarrow \mathrm{Pt} + \mathrm{H}^+ + \mathrm{e}^- \tag{2.58}$$

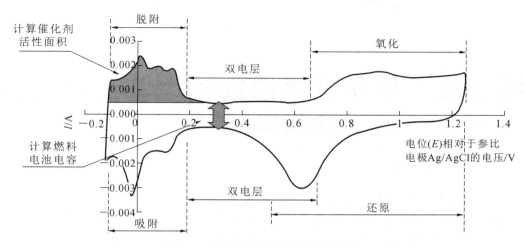

图 2-8　燃料电池循环伏安法测试结果

双电层区较为平缓的电流主要是由于双电层的充放电导致的。

基于循环伏安法,我们可以通过电流计算出吸附/脱附过程中的吸附/脱附氢量,其具体计算方法是首先需消除双电层充放电影响,从平缓的双电层放电区域选取一条基准线与脱附峰围成一个区域,对该区域求积分获取总电荷量(见图 2-8 中的阴影区域)。获取总电荷量之后,电极的有效反应面积可以通过以下公式得到:

$$A = \frac{Q_H}{250m_{Pt}} \tag{2.59}$$

式中:A 为有效反应面积;Q_H 为单位面积总电荷量;m_{Pt} 为铂载荷量。

同样地,我们还可以通过对双电层部分进行积分计算燃料电池的电容。

第3章　质子交换膜燃料电池主要部件和材料特性

为了更好地理解燃料电池的工作原理及其关键部件,本章将详细介绍质子交换膜燃料电池的结构组成。我们将从基本构造开始,逐步介绍每一个部件的具体功能和特性,特别是那些对燃料电池性能至关重要的组件。通过本章的学习,读者能够更好地理解这些组件是如何协同工作的,以及它们如何共同促进燃料电池的高效能量转换。

如图 3-1 所示,燃料电池的核心构造包括以下关键部分。

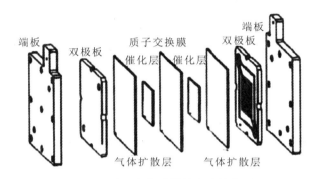

图 3-1　质子交换膜燃料电池结构图

① 端板(end plate)　端板通常用来封闭燃料电池堆的两端,提供机械支撑,保护内部组件免受外界影响,并确保压力在整个电池堆内均匀分布。端板也可以包含接口,用于电气连接和流体(气体或液体)的进出。

② 双极板(bipolar plate)　双极板是燃料电池中的关键组件,其一面连接一个单元的阴极,另一面连接另一个单元的阳极,从而形成电气连接。双极板上通常刻有流道,用于分配反应气体(如氢气和氧气)到电池的活性区,同时也帮助电池散热和排除水蒸气。

③ 气体扩散层(GDL)　气体扩散层主要作用是从双极板向催化层均匀分配反应气体,并从催化层排出水蒸气和多余的热量。它还有助于电子从催化层到双极板的传导,同时提供电池内部必要的机械支撑。

④ 催化层(CL)　催化层包含催化剂(通常是铂或铂合金),用于加速氢气和氧气的电化学反应,这些反应在此层生成水和电子(电流)。催化层是电化学反应发生的场所,对燃料电池的效率至关重要。

⑤ 质子交换膜(PEM)　质子交换膜是燃料电池的核心组件,允许质子(氢离子)的传递而阻挡电子,从而确保电子通过外部电路流动产生电力。该膜的选择和性能直接影响燃料电池的整体效率和稳定性。

电极之间的多层结构通常被称作膜电极(MEA)。MEA 置于集电器板和分隔器板之间,其中集电器板的主要功能是收集和传导电流,分隔器板的功能则是在包含多个电池单元的结构中,隔离相邻电池单元中的气体。在这种多电池单元结构中,一个电池单元的阴极会与相邻电池单元的阳极进行物理或电气连接,这种连接通常由双极板实现。双极板不仅提供了气体的流动路径(即所谓的流道),还增强了电池单元的结构刚性。

如图 3-2 所示,燃料电池内部会发生以下过程。

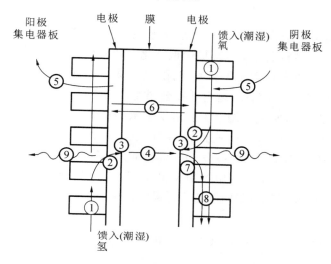

图 3-2　电池内部过程图

① 气体流动:气体在流道中流动,并在多孔层内引起对流,确保气体均匀分布。

② 气体扩散:气体通过多孔介质进行扩散,以到达电极的催化层。

③ 电化学反应:包含所有中间步骤的电化学反应均在催化层发生,这是氢气和氧气转化为水和电能的关键过程。

④ 质子传输:质子通过质子交换膜转移,而电子则通过外部电路流动,形成电流。

⑤ 电导:电流通过电池的导电部件传输,包括连接电极和外部电路的导体。

⑥ 水分传输:水分子通过质子交换膜传输,涉及电化学阻力和反扩散过程。

⑦ 水的传输和管理:水蒸气和液态水通过多孔催化层和气体扩散层传输,确保电池性能的稳定。

⑧ 二相流动:未反应的气体中含有水滴,形成二相流,影响气体的出口质量。

⑨ 传热过程:包括通过电池的固体元件的热传导以及通过反应气体和冷却介质进行的对流传热。

显然,为了适应上述各种过程,元件设计和材料的特性必须着眼于尽可能减小阻力和损耗。由于在某些元件中不仅发生单一过程,还经常会出现多个相互冲突的过程,因此,优化材料特性和元件设计变得尤为重要。例如,气体扩散层需要优化以便反应气体更易于扩散,同时还要防止反向流动的水在微孔中积聚。更为重要的是,气体扩散层(有时也被称为集电层)还需同时具备导电和传热的功能。事实上,燃料电池中几乎每一个组件都需要满足类似的复合要求。虽然从外观上看,燃料电池看似一个简单的装置,但实际上其内部同时进行着多种复杂的过程。因此,深入了解和理解这些过程及其相互作用,以及它们如何依赖于元件的设计和材料的特性,显得尤为重要。

此外,燃料电池设计的一个基本原则是不能单独改变其中的某个参数,因为任何一个参数的改变至少会引起其他两个参数的变化,而且其中至少有一个是与期望结果相反的。这一原则强调了在进行设计调整时需要考虑系统的复杂性和相互依赖性。

3.1　膜

　　燃料电池的膜必须具有相对较高的质子导电性,必须为燃料和反应气体的混合提供足够的屏障,并且必须在燃料电池运行环境中保持化学和机械稳定。通常,质子交换膜燃料电池的膜是由全氟磺酸(PFSA)离子聚合物组成,其本质上是四氟乙烯(TFE)和不同全氟磺酸单体的共聚物。最著名的膜材料是由杜邦公司生产的 Nafion™,采用全氟磺酰氟乙氧基丙基乙烯基醚(PSEPVE)制成。图 3-3 给出了全氟磺酸离子聚合物(如 Nafion)的化学结构。其他厂商也已研发并作为商业产品或开发产品销售了类似的材料,如 Fumatech (Fumion)、Asahi Glass (FLEMION)、Asahi Chemical (Aciplex)、Chlorine Engineers ("C"膜),而陶氏化学公司已开发出一种由类似特氟龙(Teflon,如聚四氟乙烯)成分和全氟磺酸成分组成的复合/增强膜,其中,聚四氟乙烯可提供机械强度和尺寸稳定性,而全氟磺酸可提供质子导电性。

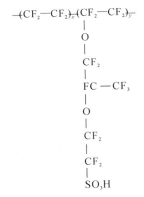

图 3-3　全氟磺酸离子聚合物的结构(Nafion™)

　　SO_3H 基是离子键结合,因此在侧链末端实际上是一个 SO_3^- 离子和一个 H^+ 离子,这就是该结构称为离子聚合物的原因。由于其离子性质,侧链末端倾向于在膜的整体结构中聚集。虽然特氟龙类的主链具有高度疏水性,但位于侧链末端的磺酸却具有高度亲水性,在磺化侧链群周围形成亲水性区域,这就是该材料能够吸收相对大量水(在某些情况下高达质量的 50%)的原因。H^+ 离子在水分充足的区域内移动可使得材料具有质子导电性。

　　Nafion 膜可压制成不同的规格和厚度,用字母"N"来标记,后面紧接着 3～4 位数字,前两位数字表示除以 100 的当量重量,而最后一位或两位表示膜的厚度,单位为 mill(1 mill＝0.001 in＝0.0254 mm)。现有 Nafion 膜的厚度包括 2 mill、3.5 mill、5 mill、7 mill 和 10mil(分别为 50 μm、89 μm、127 μm、178 μm、254 μm,某些数据经过化整处理)。例如,Nafion N117 的当量重量为1100 g/eq,厚度为 7 mill(0.178 mm)。聚合物膜的当量重量(EW,单位为 g/eq)可由下式表示:

$$EW = 100n + 466 \tag{3.1}$$

式中:n 为 PSEPVE 单体中 TFE 基的平均个数。

EW(当量重量)实际上是衡量离子聚合物中离子浓度的一个指标。尽管研究和合成的材料多集中在 EW<700 g/eq 的范围内,但 Nafion 膜的 EW 通常为 1100 g/eq。在燃料电池的实际应用中,EW>1500 g/eq 的共聚物通常无法提供良好的质子导电性;而 EW<700 g/eq 的共聚物往往机械完整性较差。这一测度可帮助我们更好地理解和选择合适的离子聚合物材料,以满足燃料电池的性能要求。

自 2004 年起,依据专有工艺通过末端基氟化,有厂商已能够生产出化学稳定性更高的离子聚合物。与早期的非稳定性聚合物制成的膜相比,由这种改进的离子聚合物制成的膜显著减少了氟化物离子的释放,这一改进显著提高了膜的化学耐久性。这些膜通过分散铸造法生产,并作为 Nafion NR211 和 NR212 产品销售,其厚度分别为 1 mill(即 25 μm)和 2 mill(即 50 μm),当量重量(EW)范围在 990~1050 g/eq。

此外,3M 公司开发了一种新型离子聚合物——全氟酰亚胺酸(PFIA),其当量重量极低(625 g/eq),并含有增强化学稳定性的稳定性添加剂以及提高机械稳定性的聚合物纳米纤维。这种新型膜在机械稳定性、化学稳定性和质子导电性方面均优于现有的膜材料,已满足美国能源部对 2024 年燃料电池性能的目标,包括提高质子导电性和其他关键物理特性。这些技术进步不仅推动了燃料电池材料的发展,也为燃料电池的商业应用和可持续发展提供了更强的支持,从而使燃料电池技术在能源解决方案中的应用更加广泛和高效。

3.1.1　吸水性

聚合物膜的质子导电性主要取决于膜的结构和含水量。通常,膜的含水量可以以两种方式表示:一种是每克干燥聚合物膜中含有的水的克数;另一种是聚合物中每个磺酸基(SO_3H)对应的水分子数,即 $\lambda = N(H_2O)/N(SO_3H)$。膜的最大含水量受限于膜中水的平衡状态。例如,已知在液态水中,Nafion 膜在平衡状态下(即沸腾时),每个磺酸基约绑定 22 个水分子;而在汽相吸收中,最大含水量时每个磺酸基约绑定 14 个水分子。此外,膜从液相吸收的水量取决于膜的预处理方法。扎沃津斯基等人的研究表明,膜在 105 ℃ 完全干燥后吸收的水量明显小于室温下完全干燥后吸收的水量,其中 $\lambda = 12 \sim 16$ 的膜吸收的水量取决于 105 ℃ 干燥的膜在水化后的温度。然而,$\lambda = 22$ 时其吸水量与室温下干燥的膜水化后的温度无关。相比之下,一种实验性的陶氏膜,其玻璃化温度略高于 Nafion 膜,表现出不同的行为特征:即使在 105 ℃ 干燥,其 80 ℃ 下水化后的吸水量与室温干燥后相同($\lambda = 25$)。

从汽相吸收的水可能与燃料电池的工作更相关,因为燃料电池中加入的反应气体会用水蒸气加湿。30 ℃ 质子交换膜的水吸收情况如图 3-4 所示。膜从汽相中吸收水时需注意两个特殊过程:

(1)在低蒸汽活动区域,$\alpha_{H_2O} = 0.15 \sim 0.75$,吸水量增加到约 $\lambda = 5$;

(2)在高蒸汽活动区域,$\alpha_{H_2O} = 0.75 \sim 1.0$,吸水量急剧增加到约 $\lambda = 14.4$。

第一个过程对应于由膜内离子溶解而吸收的水,而第二个过程对应于充满微孔并使得聚合物膨胀而吸收的水。值得注意的是,从完全饱和汽相($\alpha_{H_2O} = 1$)吸收的水明显少于从液相(同样 $\alpha_{H_2O} = 1$)吸收的水,分别有 $\lambda = 14$ 和 $\lambda = 22$,1903 年施罗德(G. Schröder)首次发现这一现象,故称为施罗德悖论。对从汽相吸收的水与从液相吸收的水存在差异现象的一种解释是:汽相下吸收的水包含了聚合物内部的冷凝水,大多位于强疏水性的聚合物主链,从而导致吸收的水少于直接从液相吸收的水。

根据实验结果,扎沃津斯基等人拟合了一个多项式方程来表示膜表面上水活性和水含

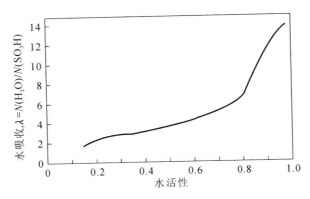

图 3-4　30 ℃ 质子交换膜的水吸收情况

量之间的关系：

$$\lambda = 0.043 + 17.18a - 39.85a^2 + 36a^3 \tag{3.2}$$

式中：a 为水蒸气活性。

　　假设气体混合特性为理想气体，则 a 可用相对湿度（RH）代替水蒸气活性，即 p/p_{sat}，其中，p 为水的分压，而 p_{sat} 为在给定温度下水的饱和蒸汽压力。

3.1.2　物理特性

　　水分吸收会导致膜膨胀并改变其尺寸，这一变化在设计和装配燃料电池时是必须要考虑的重要因素。参考表 3-1，Nafion 膜在不同水含量下经历尺寸变化，其量级约为 10%。因此，在燃料电池设计及安装过程中，必须考虑这种尺寸变化对燃料电池性能和结构完整性的影响。

表 3-1　Nafion™ 膜的特性

特性		膜的类型			
		N115、N117、N1110		NR211、NR212	
密度 /（g/cm³）		1.98		1.97	
拉伸模量/ MPa	相对湿度为 50%，23 ℃	249			
	水浸，23 ℃	114			
	水浸，100 ℃	64			
拉伸强度[①]/ MPa	相对湿度为 50%，23 ℃	43（N115）MD	32（N115）TD	23（NR211）MD 32（NR212）MD	28（NR211）TD 32（NR212）TD
	水浸，23 ℃	34（N115）MD	26（N115）TD		
	水浸，100 ℃	25（N115）MD	24（N115）TD		
电导率[②]		0.10		0.105@25 ℃～0.116@100 ℃	
离子交换量[③]/（meq/g）		0.91		0.95～1.01	
当量重量[④]/（g/eq）		1100		990～1050	
氢渗透[⑤]/（mL/（min·cm²））				（NR211）<0.020	（NR212）<0.010
含水量[⑥]/（%）		5		4.85～5.15	

续表

特性		膜的类型	
吸水量⑦/(%)		38	48.5～51.5
厚度变化 (增加)/(%)	从相对湿度为50%且 23 ℃到23 ℃水浸	10	
	从相对湿度为50%且 23 ℃到100 ℃水浸	14	
线性膨胀⑧ (增加)/(%)	从相对湿度为50%且 23 ℃到23 ℃水浸	10	10
	从相对湿度为50%且 23 ℃到100 ℃水浸	15	15

注：① MD 表示机械方向，TD 表示横向方向，数据在 23 ℃和相对湿度为 50%下测得。
　　② 根据扎沃津斯基等人所述方法来测量电导率。将膜处于 100 ℃的水中 1 h，试验期间被测电池浸入 25 ℃的去离子水中，膜阻抗(实部)取自虚部为 0 时。
　　③ 数据并非由杜邦公司提供。
　　④ 采用碱滴定法测量聚合物中磺酸的等效值并利用该测量结果计算膜的酸容量或当量重量。
　　⑤ 在 22 ℃，相对湿度为 100%以及压差为 344.7 kPa(50 psi)下测量氢渗透。
　　⑥ 指相对于干重基准，在 23 ℃且相对湿度为 50%时膜的水含量。
　　⑦ 从干燥膜到浸入 100 ℃水中 1 h 所吸收的水量(以干重计)。
　　⑧ 指 MD 和 TD 值的平均值，对于 N 型膜，MD 膨胀量略小于 TD；而对于 NR 型膜，MD 膨胀量与 TD 接近。

　　1995 年，戈尔公司推出了专为质子交换膜燃料电池设计的新型电解质膜——Gore Select 膜。这种膜采用微增强的聚四氟乙烯(ePTFE)技术，通过引入微增强的 ePTFE 纤维，增强了膜的机械强度和尺寸稳定性，这对于保持燃料电池在长期运行中性能的一致性非常关键。增强的结构还有助于降低气体(如氢气和氧气)的渗透性，提高燃料电池的效率和安全性。同时，这种改进结构也提升了膜的电导率，特别是对于那些当量重量小于 1000 g/eq 的离子聚合物，Gore Select 膜展现出比传统 Nafion 膜更高的强度、更好的尺寸稳定性、更低的气体渗透性和更高的电导率。

3.1.3　质子电导率

　　质子电导率是燃料电池中聚合物膜的最重要参数。EW 为 1100 g/eq 的离聚物质子导电膜中的电荷载流子密度与 1 mol/L 硫酸水溶液中的电荷载流子密度相近。值得注意的是，完全水合膜中的质子迁移率只比硫酸水溶液中的质子迁移率低一个数量级。因此，室温下一个完全水合膜的质子电导率约为 0.1 S/cm。全氟磺酸(PFSA)膜的电导率是含水量和温度的函数(见图 3-5 和图 3-6)。λ 高于 5 时，水含量和质子电导率之间几乎呈线性关系。λ 低于 5 时，水吸收量非常小(见图 3-5)，意味着在磺化侧链末端周围的集群中没有足够的水，质子被磺酸基隔离。注意到，在 $\lambda=14$ 时 Nafion N117 膜电导率大约为 0.06 S/cm。对于浸入水中的膜，质子电导率会随着温度而急剧增大(见图 3-6)。在这些测量结果的基础上，Springer 等人利用下式将质子电导率(单位为 S/cm)和水含量以及温度相关联：

$$K = (0.005139\lambda - 0.00326)\exp\left[1268\left(\frac{1}{303} - \frac{1}{T}\right)\right] \tag{3.3}$$

　　扎沃津斯基等提出了 3 种 Nafion 材料离子导电的可能方式(见图 3-7)：

　　(1) 在水含量非常低(λ 为 2～4)时，水合氢离子(H_3O^+)通过"运载"机制迁移；

　　(2) 随着水含量的增大(λ 为 5～14)，水合氢离子迁移更容易；

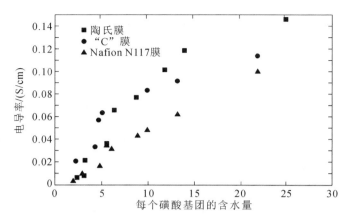

图 3-5   在 30 ℃下,不同膜的水含量与质子导电性的关系

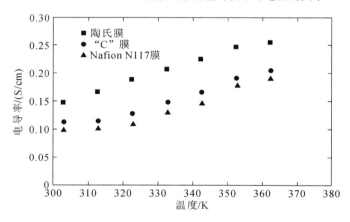

图 3-6   浸在水中的不同质子导电膜的电导率

（3）在膜完全水合($\lambda > 14$)时,交界面区域的水对来自离子偶极相互作用的结合水限制较弱,且水合离子均可自由移动。

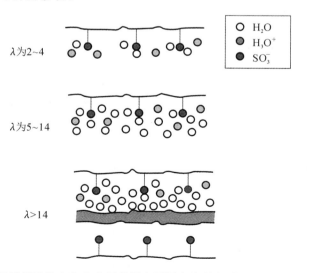

图 3-7   扎沃津斯基等提出的水和水合氢离子在不同水合程度下经过 PFSA 离聚物的移动机制

3.1.4　水传输

目前,有多种经过聚合物膜传输水的机制。电化学反应的结果会在阴极侧产生水,水的生成率(单位为 mol/(s·cm²))为

$$N_{H_2O,gen} = \frac{i}{2F} \tag{3.4}$$

式中:i 为电流密度,A/cm²;F 为法拉第常数。

如上所述,在电解质的质子运动下,水从阳极流动到阴极,称为电渗迁移。由于电渗迁移而产生的水流量(单位为 mol/(s·cm²))为

$$N_{H_2O,drag} = \xi(\lambda)\frac{i}{F} \tag{3.5}$$

式中:$\xi(\lambda)$ 为电渗迁移系数,定义为每个质子中的水分子个数。

电渗迁移系数通常取决于膜的水合程度(λ),而多年来相关文献报道中关于这一系数的取值差异较大,这主要源于不同的测量方法和数据拟合技术。一种常用的测量电渗迁移系数的方法是通过膜导电并同时监测水的体积变化。使用这种方法,Le Conti 等研究人员发现,当膜水含量在 $15 \leqslant \lambda \leqslant 25$ 时,每个质子携带 2~3 个水分子。他们观察到,随着浸水膜水含量的增加,电渗迁移系数呈线性下降。在相似的研究中,扎沃津斯基等人使用同样的方法测得充分水合且浸湿的 Nafion N1100 膜的电渗迁移系数为 $2.5N(H_2O)/N(H^+)$,而在 $\lambda = 11$ 时,电渗迁移系数降至 $0.9N(H_2O)/N(H^+)$。这些结果表明,电渗迁移系数与膜水含量之间存在线性关系,关系式如下:

$$\xi(\lambda) = \frac{F\Delta\Phi}{RT\log\frac{\alpha_{H_2O,r}}{\alpha_{H_2O,l}}} \tag{3.6}$$

式中:$\Delta\Phi$ 为测量电位;α_{H_2O} 为水活性,而下标 r 和 l 分别表示在膜的右侧和左侧。

该方法非常适用于水蒸气平衡膜。富勒和纽曼提出,在 $5 \leqslant \lambda \leqslant 14$ 的范围,电渗迁移系数恒为 $1.4N(H_2O)/N(H^+)$;在 $0 \leqslant \lambda < 5$ 的范围内,电渗迁移系数逐渐下降为 0。扎沃津斯基等人在更宽的水活性范围下测得在 $1.4 \leqslant \lambda \leqslant 14$ 时电渗迁移系数为 $1.0N(H_2O)/N(H^+)$。

水生成和电渗迁移会在膜两侧产生一个较大的浓度梯度。在该梯度作用下,一些水会从阴极扩散回阳极。水的扩散率(单位为 mol/(s·cm²))为

$$N_{H_2O,diff} = D(\lambda)\frac{\Delta c}{\Delta z} \tag{3.7}$$

式中:$D(\lambda)$ 为水含量为 λ 的离聚物中的水扩散系数;$\Delta c/\Delta z$ 为沿 z 方向(经过膜)的水浓度梯度。

测量通过聚合物膜的水扩散系数并不容易,目前已提出一些方法,介绍如下:

(1) Yeo 和 Eisenberg 提出的水吸收动力学方法,测得的水扩散系数在 $1\times10^{-6} \sim 10\times10^{-6}$ cm²/s,并会在 0~99 ℃范围内随着温度而增大,且活化能为 18.8 kJ/mol。Eisman 也提出了类似结果。

(2) Verbrugge 等提出的放射性示踪剂和电化学测试技术,测得室温下完全水合的 Nafion 膜内水的自扩散系数为 $6\times10^{-6} \sim 10\times10^{-6}$ cm²/s。

(3) Slade 等人和扎沃津斯基等人提出的脉冲梯度场核磁共振(NMR)方法,测得室温

下完全水合的 Nafion 膜内水的自扩散系数接近 $10 \times 10^{-6}\,\mathrm{cm^2/s}$。扎沃津斯基等人还测量了水蒸气平衡的 Nafion 膜的水自扩散系数,发现随着膜内的水含量从 14 减小到 2,水的自扩散系数则从 $6 \times 10^{-6}\,\mathrm{cm^2/s}$ 下降到 $0.6 \times 10^{-6}\,\mathrm{cm^2/s}$(30 ℃下测量)。

值得注意的是,放射性示踪剂和脉冲梯度场核磁共振技术测量的是水的自扩散系数——D_s,而非经过聚合物膜的水的菲克(Fick)扩散系数或互扩散系数 D,D 是水扩散宏观研究中的传输属性,因此还需要进行校正。两者之间的关系为

$$D = \frac{\partial(\ln a)}{\partial(\ln C_\mathrm{w})} D_\mathrm{s} \tag{3.8}$$

式中:a 为水的热动力活性;C_w 为膜内水浓度,$\mathrm{mol/cm^3}$,计算式为

$$C_\mathrm{w} = \frac{\rho_\mathrm{m}}{\mathrm{EW}} \lambda \tag{3.9}$$

式中:ρ_m 为膜的密度,$\mathrm{g/cm^3}$;EW 为聚合物当量,$\mathrm{g/eq}$。

Motupally 等人深入研究了 Nafion 膜的水传输特性,并将实验结果与文献中各种水扩散系数以及扎沃津斯基等人的结果进行比较,提出以下关系:

$$D(\lambda) = 3.1 \times 10^{-3} \lambda(\mathrm{e}^{0.28\lambda} - 1) \exp\left(\frac{-2436}{T}\right) \qquad (0 < \lambda < 3) \tag{3.10}$$

$$D(\lambda) = 4.17 \times 10^{-4} \lambda(161\mathrm{e}^{-\lambda} + 1) \exp\left(\frac{-2436}{T}\right) \qquad (3 < \lambda < 17) \tag{3.11}$$

式(3.11)过高估计了相对于电渗迁移的反向扩散,Nguyen 和 White 提出了另一种关系式:

$$D(\lambda) = (0.0049 + 2.02a - 4.53a^2 + 4.09a^3)D^0 \exp\left(\frac{2416}{303} - \frac{2416}{T}\right) \qquad (a \leqslant 1) \tag{3.12}$$

$$D(\lambda) = [1.59 + 0.159(a - 1)]D^0 \exp\left(\frac{2416}{303} - \frac{2416}{T}\right) \qquad (a > 1) \tag{3.13}$$

式中:$D^0 = 5.5 \times 10^{-7}\,\mathrm{cm^2/s}$;$a$ 为水活性。

Husar 等人通过实验发现质子交换膜燃料电池中的实际扩散系数与 Nguyen 和 White 给出的关系式非常接近。

除了因浓度梯度而导致的扩散外,在阴极和阳极之间存在压差时,水也可从膜的一侧移到另一侧,这种情况称为液压渗透,液压渗透率(单位为 $\mathrm{mol/(s \cdot cm^2)}$)为

$$N_\mathrm{H_2O,hyd} = k_\mathrm{hyd}(\lambda) \frac{\Delta P}{\Delta z} \tag{3.14}$$

式中:$k_\mathrm{hyd}(\lambda)$ 为水含量为 λ 时膜的液压渗透系数;$\Delta P / \Delta z$ 为沿 z 方向的压力梯度(经过膜)。

对于薄膜而言,水的反向扩散足以抵消电渗迁移作用下的阳极干燥效应。然而对于较厚的膜,阳极侧会较为干燥。Büchi 和 Scherer 通过将多层 Nafion 膜组合在一起以构成较厚的膜,形象地展示了上述现象。如图 3-8 所示,当膜的厚度为 120 μm 或更小时,膜电阻基本不随电流密度的变化而变化,说明在这一厚度范围内,膜能够维持足够的水分来支持电化学反应和离子传输;然而,当膜的厚度超过 120 μm 时,膜的电阻开始增大,表明在较厚的膜中,尤其是在阳极侧,水的反向扩散可能不足以抵消由电渗迁移引起的水的流失,导致阳极侧发生干燥,从而影响电池的整体性能。

由于较厚的膜是由多层组成的,因此可测量各层的电阻。只有靠近阳极的那一层会表现出电阻随电流密度的增大而增大的特性(见图 3-9)。这清楚地表明干燥是由于在靠近阳极处发生电渗迁移所导致的,原因在于水的反向扩散不足以抵消电渗迁移引起的水的流失。

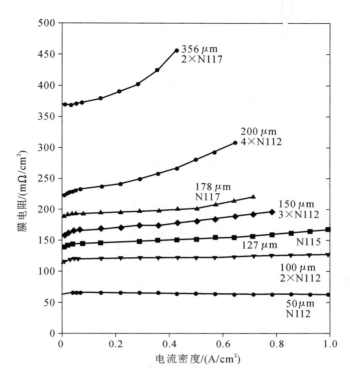

图 3-8 不同厚度的 Nafion 膜在电流密度影响下的膜电阻

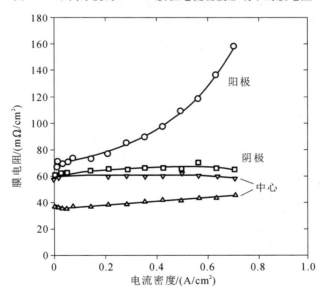

图 3-9 具有 4 层 Nafion N112 膜的燃料电池在不同电流密度下的膜电阻

Janssen 和 Overvelde 研究了采用 Nafion N105 和 Nafion N112 膜的燃料电池工作时的净水传输,发现有效迁移(经过膜的净水传输)远小于之前研究者获得的值,具体值为 $-0.3 \sim 0.1$(负值表明水的反向扩散高于电渗迁移),且发现该值主要取决于阳极的潮湿程度;同时,与反应物化学计量比和压差并无明显依赖关系,这表明对于这些膜可忽略液态水渗透。正如预期,与更厚的 Nafion N105 膜相比,Nafion N112 膜的净水迁移略低。

3.1.5　气体渗透

原理上,膜应对反应物组分不可渗透,以防止反应物组分在参与电化学反应之前混合。然而,由于膜的多孔结构、水含量以及氢和氧在水中的可溶解性等,一些气体可以渗透过膜。渗透率为扩散率和溶解度的积,即

$$P_m = DS \tag{3.15}$$

由于扩散率单位为 $cm^2 \cdot s^{-1}$,溶解度单位为 $mol \cdot cm^{-3} \cdot Pa^{-1}$,因此,渗透率的单位为 $mol \cdot cm \cdot s^{-1} \cdot cm^{-2} \cdot Pa^{-1}$。渗透率常用的单位是 Barrer,1 Barrer $= 10^{-10} cm^3 \cdot cm \cdot s^{-1} \cdot cm^{-2} \cdot cmHg^{-1}$。

Nafion 膜中氢的溶解度 $S_{H_2} = 2.2 \times 10^{-10} mol \cdot cm^{-3} \cdot Pa^{-1}$,几乎与温度无关,而扩散率是关于温度的函数:

$$D_{H_2} = 0.0041 \exp\left(-\frac{2602}{T}\right) \tag{3.16}$$

氧的溶解度(单位为 $mol \cdot cm^{-3} \cdot Pa^{-1}$)是关于温度的函数:

$$S_{O_2} = 7.43 \times 10^{-12} \exp\left(\frac{666}{T}\right) \tag{3.17}$$

氧的扩散率(单位为 $cm^2 \cdot s^{-1}$)为

$$D_{O_2} = 0.0031 \exp\left(-\frac{2768}{T}\right) \tag{3.18}$$

不同气体通过干燥 Nafion N125 膜的渗透率如图 3-10 所示。正如预期那样,氢的渗透率比氧的高一个数量级,而氧通过潮湿 Nafion 膜的渗透率会比通过干燥 Nafion 膜的高一个数量级,如图 3-11 所示。气体通过潮湿 Nafion 膜的渗透率预计略低于通过水的渗透率,而通过干燥 Nafion 膜的渗透率略低于通过 Teflon(特氟龙,如聚四氟乙烯)的渗透率。

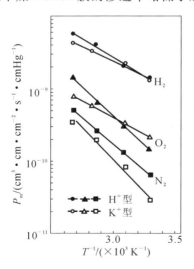
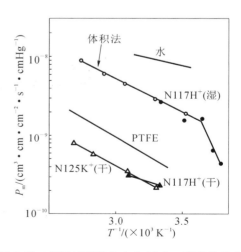

图 3-10　氢、氧和氮通过 Nafion N125 膜的渗透率　　图 3-11　氧通过干燥和水合 Nafion 膜的渗透率

例 3-1　计算 25 ℃ 和 101.3 kPa(1 atm)下氢通过 Nafion 膜的渗透率,单位为 Barrer。

解　25 ℃(298.15 K)时氢的扩散率为

$$D_{H_2} = 0.0041 \exp\left(-\frac{2602}{298.15}\right) cm^2 \cdot s^{-1} = 6.65 \times 10^{-7} cm^2 \cdot s^{-1}$$

氢的渗透率是扩散率和溶解度的积：

$$P_m = 6.65 \times 10^{-7} \text{ cm}^2 \cdot s^{-1} \times 2.2 \times 10^{-10} \text{ mol} \cdot cm^{-3} \cdot Pa^{-1}$$
$$= 1.46 \times 10^{-16} \text{ mol} \cdot cm \cdot s^{-1} \cdot cm^{-2} \cdot Pa^{-1}$$

任意气体的摩尔体积（$cm^3 \cdot mol^{-1}$）为 $V_m = RT/P$。式中，R 为通用气体常数 8.314 J·$mol^{-1} \cdot K^{-1}$；P 为压力，取 101300 Pa；T 为温度，取 298.15 K。

$$V_m = \frac{8.314 \times 298.15}{101300} \text{ m}^3 \cdot mol^{-1} = 0.02447 \text{ m}^3 \cdot mol^{-1} = 24470 \text{ cm}^3 \cdot mol^{-1}$$

因此，在 25 ℃和 101.3 kPa(1 atm)下氢通过 Nafion 膜的渗透率为

$$P_m = 1.46 \times 10^{-16} \text{ mol} \cdot cm \cdot s^{-1} \cdot cm^{-2} \cdot Pa^{-1} \times 24470 \text{ cm}^3 \cdot mol^{-1} \times 1350 \text{ Pa} \cdot cmHg^{-1}$$
$$= 48.2 \times 10^{-10} \text{ cm}^3 \cdot cm \cdot s^{-1} \cdot cm^{-2} \cdot cmHg^{-1} = 48.2 \text{ Barrer}$$

除了渗透率之外，渗透速率显然应与压力和膜的面积成正比，而与膜的厚度成反比，则渗透速率为

$$N_{gas} = P_m \frac{AP}{d} \tag{3.19}$$

例如，在 25 ℃和 300 kPa 时，氢通过 100 cm^2 的 Nafion N112 膜的渗透速率：

$$N_{gas} = 1.46 \times 10^{-16} \times \frac{100 \times 300 \times 10^3}{50.8 \times 10^{-4}} \text{ mol} \cdot s^{-1} = 8.6 \times 10^{-7} \text{ mol} \cdot s^{-1}$$

氢的渗透速率还可用单位 A/cm^2 表示：

$$N_{H_2} = \frac{I}{2F} \Rightarrow i = \frac{2FN_{H_2}}{A} = \frac{2 \times 96485 \times 8.6 \times 10^{-7}}{100} \text{ A/cm}^2 = 0.0017 \text{ A/cm}^2$$

3.1.6　高温质子交换膜

在低温质子交换膜的阳极侧，一般需要通入 99.999％纯度的氢气，在实际过程中，氢的来源是一个问题。因此，学界提出可利用甲醇、天然气等替代燃料通过重整制氢通入燃料电池当中。然而重整气中的 CO 与铂催化剂表面的结合非常稳定，导致氢气氧化反应的活性下降。通常氢气燃料中的 CO 浓度超过 10 ppm（即 0.001％），就会对燃料电池性能产生明显的负面影响。

当前采用的方案是"无水"酸掺杂聚合物，在这种高温质子交换膜中，酸代替了作为质子溶剂的水。在这一领域，磷酸（HPO_3）掺杂的聚苯并咪唑（PBI）膜是目前最先进的技术。以这种 PBI 膜为基础的高温质子交换膜燃料电池的工作温度往往在 120～180 ℃。这种膜具有极高磷酸含量（质量占比为 85％），可通过溶胶-凝胶过程获得。由于为质子结合提供了自由电子对，PBI 的杂环基也参与了质子迁移过程。基于 H_2PO_4/PBI 的质子交换膜的工作温度在 160～200 ℃。尽管该材料本质上是一个质子导体，但水的存在极大地提高了电导率。这种膜在实际应用中面临的一个困难是在启动和关闭的过程中，存在液态水和气态水的转化，而液态水的出现会导致磷酸浸出。低温质子交换膜燃料电池（LT-PEMFC）和高温质子交换膜燃料电池（HT-PEMFC）的比较如下。

（1）操作温度：LT-PEMFC 通常操作温度范围为 60～80 ℃，HT-PEMFC 操作温度通常在 120～200 ℃。

（2）材料和膜的种类：LT-PEMFC 主要使用全氟磺酸聚合物（如 Nafion）作为电解质膜，具有优异的化学稳定性和质子传导性；HT-PEMFC 常用的材料包括聚苯并咪唑（PBI）膜或磷酸掺杂的 PBI 膜，这些材料能在无水状态下保持较好的质子传导性。

（3）CO 耐受性：LT-PEMFC 对 CO 极其敏感，即使 CO 浓度低至百万分之几十，也会显著影响燃料电池性能；HT-PEMFC 由于操作温度高，对 CO 的耐受性较好，可以处理含有较高浓度 CO 的氢气。

（4）水管理：LT-PEMFC 需要有效的水管理系统以保持膜的湿润状态，以便于质子传导；HT-PEMFC 由于操作温度较高，可以减轻对外部水管理系统的依赖，膜在干燥条件下也能保持良好的传导性。

（5）热管理：LT-PEMFC 较低的操作温度简化了热管理系统的设计；HT-PEMFC 需要复杂的热管理策略，以处理高温带来的额外热负荷。

（6）燃料灵活性和应用：LT-PEMFC 更适用于需要低温操作的便携式设备和汽车；HT-PEMFC 更适合与热电联产系统配合使用，可以直接从重整气体中使用氢气而无须额外的氢气净化步骤。

（7）维护和寿命：LT-PEMFC 通常需要较高的维护成本，以保证膜的湿润和清洁；HT-PEMFC 虽然热稳定性较高，但长期高温运行可能导致材料老化和性能衰退。

总之，选择 LT-PEMFC 还是 HT-PEMFC 取决于具体的应用需求、成本效益以及系统设计的复杂性。高温系统虽然在热管理和 CO 耐受性方面具有优势，但在材料选择和长期运行稳定性方面面临挑战；而低温系统则需密切管理水和热平衡，以保持高效、稳定运行。

3.2　电　　极

燃料电池的电极本质上是一个催化剂薄层，位于离子聚合物膜和导电多孔基板之间。这层上发生电化学反应，更确切地说，反应发生在催化剂表面。参与电化学反应的有三种组分：气体、电子和质子。这些反应仅在催化剂表面的特定区域进行，这些区域需要上述三种组分可同时达到。电子通过导电颗粒传递，包括催化剂本身；这些颗粒必须在一定程度上与基板电连接。质子通过离子聚合物传递，因此催化剂必须与离子聚合物紧密相连。反应气体只能通过空隙传递，故电极必须是多孔的，以保证气体流向反应区域。此外，产生的水分必须有效清除，否则电极会浸没在水中，从而阻碍氧气的进入。

如图 3-12（a）所示，这些反应发生在三相交界处，即离子聚合物、固体和空隙之间。然而，这个交界处的实际面积极小（实质上是一条线而非一个区域），从而导致理论上的电流密度达到无穷大。实际上，由于气体可以透过膜，因此实际的反应区域大于三相交界线。"粗糙化"膜表面或在催化层中整合离子聚合物，可以增大反应区域（见图 3-12（b））。在一些极端情况下，整个催化剂表面除了必要的电接触外，可以完全被离子聚合物薄层覆盖（见图 3-12（c））。因此，显然需要优化离子聚合物覆盖的催化剂面积、开放空隙的催化剂面积以及与其他催化剂颗粒或导电支架接触的催化剂面积之间的比例。

铂（Pt）是质子交换膜燃料电池中氧还原和氢氧化反应最常用的催化剂。在质子交换膜燃料电池发展早期，大量使用 Pt 催化剂（高达 28 mg/cm^2）。20 世纪 90 年代末，随着负载型催化剂结构的应用，Pt 催化剂使用量减少到 $0.3 \sim 0.4 \text{ mg/cm}^2$，关键是催化剂的表面积而非质量。因此在催化剂载体表面（如典型的具有高介孔面积（介孔直径大约为 40 nm）的碳粉（$>75 \text{ m}^2/\text{g}$）上均匀散布具有大表面积的微小铂颗粒（4 nm 或更小）非常重要。单位铂催化剂的电池性能见图 3-13。典型的载体材料是 Cabot 公司的 Vulcan XC72R，除此之

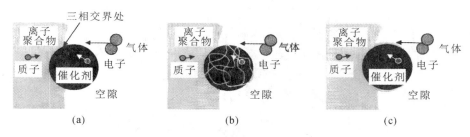

图 3-12　交界处图形化表示

外，常用的还有 Black Pearls 公司的 BP 2000、Ketjen Black 公司或 Chevron 公司的碳粉。

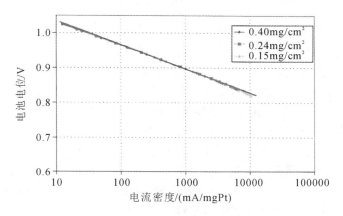

图 3-13　单位铂催化剂的电池性能

　　为使得由于质子迁移速率和反应气体渗透到电催化层深处所引起的电池电位损耗最小，催化剂层应相当薄；同时，应最大化金属活性表面积，使颗粒尽可能小。基于此，应选择较高的 Pt/C 比例（＞40％）。然而，Pt 颗粒较小，则金属表面积较大，这又会导致 Pt 载量较小（见表 3-2）。Paganin 等人表明铂载量为 0.4 mg/cm² 下的 Pt/C 比例从 10％变化到 40％时，电池性能几乎保持不变。提高燃料电池性能的关键不在于增大铂载量而是提高铂在催化层中的利用率。如果催化层中包含离子聚合物，不管是在酒精和水的混合物中用溶解性 PFSA 涂覆还是在催化层形成过程中预先混合催化剂和离子聚合物，都可大幅增大催化剂的活性表面积。扎沃津斯基等人认为催化层中离子聚合物的最优量是约占质量的 28％（见图 3-14）。Qi、Kaufman 和 Sasikumar 等人也提出了类似结果。

表 3-2　不同铂/碳复合物下的铂活性面积

碳上铂的质量百分比/（％）	XRD 铂晶体大小/nm	每克 Pt 活性面积[①]/m²
40	2.2	120
50	2.5	105
60	3.2	88
70	4.5	62
无载体的铂黑	5.5～6	20～25

① 以对一氧化碳化学吸收作用判断。

　　从原理上有两种方法制作催化层并附着于离子聚合物的膜。这种膜和催化层的组合称为膜电极（MEA）。制作 MEA 的第一种方法是将催化层沉积到多孔基底上，然后将碳纤维

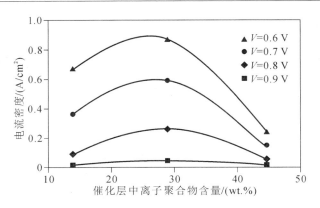

图 3-14　催化层中离子聚合物含量对燃料电池性能的影响

纸或碳纤维布等所谓的气体扩散层热压到膜上。制作 MEA 的第二种方法是直接将催化层应用于膜上,形成一个所谓的三层 MEA 或催化膜,随后增加气体扩散层,作为制作 MEA(在此情况下形成一个五层 MEA)或电池组装配过程中的一个额外步骤。

现已开发出使催化层在多孔基底或膜上沉积的多种方法,如扩散、喷涂、溅、涂绘、丝印、粘贴、电沉积、蒸发沉积以及浸渍还原等。目前 MEA 的制造商主要包括杜邦、3M、Johnson Matthey、W. L. Gore & Associates 以及 BASF 公司。它们的生产工艺通常是商业秘密。

最近,新型催化剂和催化层结构的发展取得了一些进展。3M 公司已开发出一种纳米结构的 NSTF(nano structured thin film)催化剂,其具有与传统的碳载催化剂完全不同的结构。NSTF $Pt_{68}Co_{29}Mn_3$ 催化剂从根本上对于氧还原反应具有较高的比活性,且解决了关于碳载体的耐久性问题,由铂溶解和膜化学侵蚀引起的损耗更小,并采用全干滚轧制造,其优点是具有显著的高容量。

目前发现了一种具有应用前景的新型催化剂 $Pt_{1-x}Ni_x$,在 $x = 0.69 \pm 0.02$ 附近重量分析测定函数的氧还原反应(ORR)活性中具有异常尖锐的峰值(比 NSTF 的标准 $Pt_{68}Co_{29}Mn_3$ 合金高 60%)。

现在正在开发一种用于氧还原反应(ORR)的高性能燃料电池催化剂,该催化剂由在实心四面体或中空纳米颗粒、纳米线、纳米棒和碳纳米管支撑的稳定廉价的金属或合金上的连续单层 Pt(ML)组成。PtML/Pd9Au/C 和 PtML/Pd/C 是符合实际应用的催化剂,对于一个 100 kW 的燃料电池只需 10 g 的铂和 15～20 g 的钯。

美国洛斯·阿拉莫斯国家实验室的研究人员开发了一系列非贵金属催化剂,这些催化剂在包括汽车电源在内的大功率燃料电池应用中,其性能接近于基于铂的系统且成本更低。其中,利用聚苯胺作为碳-氮模板的前驱体,可以高温合成含有铁和钴的催化剂。最具活性的材料在氧还原反应中表现出优异的性能,在先进的载铂碳系统下可达到约 0.6 V 的电位。此外,该催化剂在燃料电池电压为 0.4 V 时的使用寿命可达 700 h,表现出非贵金属催化剂的显著的性能稳定性。该材料还具有出色的四电子选择性(即过氧化氢产量低于 1.0%),进一步提升了其应用潜力。

3.3　气体扩散层

在催化层和双极板之间的层称为气体扩散层。尽管气体扩散层并不直接参与电化学反应,但在质子交换膜燃料电池中具有多个重要功能,具体如下。

(1) 为反应气体从流场通道到催化层提供路径,使之进入整个活性区域(并不只是到达通道周围)。

(2) 为产生的水从催化层流到流场通道提供通路。

(3) 将催化层与双极板进行电气连接,使得电子形成完整电路。

(4) 将在催化层的电化学反应中产生的热传导到双极板,这可作为一种散热方式(如第 6 章所述)。

(5) 对 MEA 提供机械支撑,防止下垂到流场通道。

根据功能,气体扩散层所需的特性包括:

(1) 必须具有足够多的孔,以使得反应气体和产物水均可流过(注意这些通道的方向相反)。根据流道的设计,贯穿平面的和平面内的扩散都很重要。

(2) 必须在平面内的任一方向和垂直于平面的方向,要既导电又传热。界面电阻或接触电阻通常比体积电导率更重要。

(3) 由于催化层是由分散的小颗粒组成的,气体扩散层中朝向催化层的孔不能太大。

(4) 必须具有足够的刚度以支撑"薄弱"的 MEA,还必须具有一定的柔性来保证电接触良好。

碳纤维复合材料(如碳纤维纸和编织碳织物或布)能够很好地满足这些相互矛盾的要求。图 3-15 给出了两种典型的气体扩散介质,即碳纤维纸和碳纤维布。

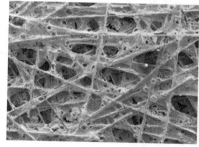

图 3-15　碳纤维纸(左)与碳纤维布(右)的微观结构图

表 3-3 给出了不同制造商提供的由碳纤维纸和碳纤维布制成的气体扩散层的特性。由表 3-3 可知,不同气体扩散层材料的厚度范围为 0.0172~0.043 cm,密度范围为 0.21~0.73 g/cm³,孔隙率范围为 76%~88%。

表 3-3　典型燃料电池气体扩散层的特性

公司	材料	厚度/cm	密度/(g/cm³)	单位面积质量/(g/m²)	孔隙率/(%)	电阻率 贯通平面/(Ω·cm²)	电阻率 平面内/(Ω·cm)
Toray(碳纤维纸)	TGP-H-060	0.019	0.44	84	78	0.080	0.0058
	TGP-H-090	0.028	0.44	123	78	0.080	0.0056
	TGP-H-120	0.037	0.45	167	78	0.080	0.0047
SpectraCorp (碳纤维纸)	2050-A	0.026	0.48	125		2.692	0.012
	2050-F	0.020	0.46	92		7.500	0.022
	2050-HF	0.026	0.46	120		3.462	0.014

公司	材料	厚度/cm	密度/(g/cm³)	单位面积质量/(g/m²)	孔隙率/(%)	电阻率	
						贯通平面/(Ω·cm²)	平面内/(Ω·cm)
Ballard(碳纤维纸)	AvCarb P50	0.0172	0.28	48		0.564	
	AvCarb P50T	0.0172	0.28	48		0.564	
SGL Carbon (碳纤维纸)	10-BA	0.038	0.22	84	88	0.263	
	10-BB	0.042	0.30	125	84	0.357	
	20-BA	0.022	0.30	65	83	0.455	
	20-BC	0.026	0.42	110	76	0.538	
	21-BA	0.020	0.21	42	88	0.550	
	21-BC	0.026	0.37	95	79	0.577	
	30-BA	0.031	0.31	95	81	0.323	
	30-BC	0.033	0.42	140	77	0.394	
	31-BA	0.03	0.22	65		0.317	
	31-BC	0.034	0.35	120	82	0.441	
E-TEK(碳纤维纸)	LT 1100-N	0.018	0.50	90		0.360	
	LT 1200-W	0.0275	0.73	200		0.410	
	LT 1400-W	0.04	0.53	210		0.500	
	LT 2500-W	0.043	0.56	240		0.550	
Ballard(碳纤维布)	AvCarb 1071 HCB	0.038	0.31	118		0.132	0.009

3.3.1　处理和涂层

扩散介质一般制成具有疏水性,以免其大部分浸水。通常情况下,阴极和阳极的气体扩散介质都用PTFE(聚四氟乙烯)处理。现已在质子交换膜燃料电池扩散介质中采用一系列的PTFE负载(5%~30%),大多数是将扩散介质浸入PTFE溶液中,然后进行干燥和烧结。

生产厂商很少提供气体扩散介质的疏水性数据。这些特性通常根据具体的电池设计需求进行调整,并且对其进行精确测量,以确保它们与电池性能相匹配。常用的测量技术包括Sessile滴液法和Wilhelmy方法,这两种方法都是通过测量表面接触角来评估材料的疏水性。

图3-16给出了处理和未处理阴极扩散介质的燃料电池性能。未经处理的燃料电池易受水淹的影响,尤其是在电流密度较大时。

除此之外,在相邻催化层间的交界面处也可安装涂层或微孔层来保证电接触良好以及水进出气体扩散层的高效传输。该层(或多层)由混合PTFE黏接的碳或石墨颗粒组成,由此产生的孔尺寸在0.1~0.5 μm,且远小于碳纤维纸中孔的尺寸(20~50 mm)。

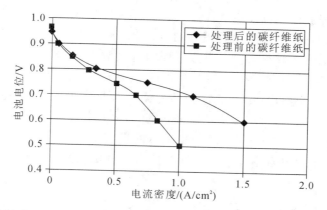

图 3-16　经处理和未经处理的碳纤维纸的燃料电池性能(碳纤维纸面积为 50 cm², H₂/空气在
80 ℃、270 kPa 条件下, 化学计量比为 2.0/2.0, 阳极湿度为 100%, 阴极湿度为 50%)

图 3-17 给出了顶部具有微孔层的非编织气体扩散介质。孔尺寸较小有助于改善其与相邻催化层的电接触。然而, 该微孔层的主要作用是促进液态水从催化层阴极有效进入扩散介质, 并产生非常小的水滴, 从而不太可能堵塞和浸没气体扩散介质。

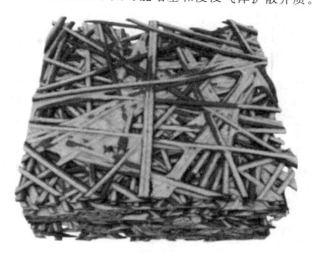

图 3-17　具有微孔层的气体扩散介质

3.3.2　孔隙率

根据定义, 气体扩散介质是多孔的。典型的孔隙率介于 70%~80%, 见表 3-3。气体扩散层的孔隙率(ε)可根据其单位面积质量、厚度以及固相密度(对于碳材料, $\rho_{real} = 1.6\sim1.95$ g/cm³)很容易地计算得到, 有

$$\varepsilon = 1 - \frac{W_A}{\rho_{real}^d}$$ 　　　　　(3.20)

式中: W_A 为单位面积质量, g/cm²; ρ_{real} 为固相密度; d 为厚度。

孔隙率可通过压汞法或毛细管流动分析仪来测量。

3.3.3　电导率

气体扩散层的功能之一是将催化层与双极板进行电气连接。由于只有双极板的一部

分接触(其余部分开放以允许反应气体进入),因此气体扩散层可使得这些通道桥接并重新分配电流。正因如此,气体扩散材料在贯穿平面(平行于进气方向)以及在平面内(垂直于进气方向)的电阻率都很重要。贯穿平面的电阻率(ρ_z)常常包括体电阻和接触电阻,这取决于测量方法。由表 3-3 中的数据可知,一些制造商(例如 Toray(东丽)公司)只提供了测量的真实贯穿平面电阻率,而用汞接触来消除接触电阻,而其他制造商采用包括接触电阻方法。Mathias 等人测量了东丽公司的 TGP-H-060 的贯穿平面电阻率并验证了制造商提供的数据($0.08\ \Omega \cdot cm^2$),还测量了总的贯穿平面电阻率为 $0.009\ \Omega \cdot cm^2$。常用气体扩散介质的平面电阻率(ρ_{xy})通常通过四点探针法测量,一般比贯穿平面电阻率低一个数量级。

3.3.4　可压缩性

在燃料电池中,可压缩气体扩散层以减小接触电阻损耗。碳纤维纸和碳纤维布都是相对柔软且容易变形的材料。布比纸更容易压缩。如图 3-18 所示,当进行循环压缩测试时,碳纤维纸和碳纤维布均表现出材料的脆弱性,首次压缩应力-应变曲线不同于随后循环测试的结果。

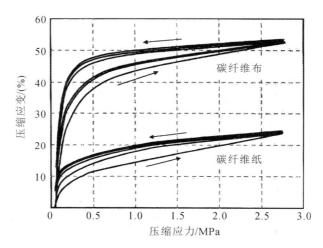

图 3-18　碳纤维纸(东丽 TGP-H-060)和碳纤维布(AvCarb 1071HCB)的应力-应变曲线

3.3.5　渗透性

在典型的质子交换膜燃料电池扩散介质中,有效扩散系数包括材料孔隙率和弯曲率。在大多数情况下,材料孔隙率和弯曲率体现为克努森(Knudsen)扩散体积,这是由于孔直径比气体分子的平均自由路径要大几个数量级。然而,Knudsen 扩散普遍存在于孔直径与气体分子平均自由路径接近的微孔层中。扩散介质的对流电阻可由格利(Gurley)数或达西(Darcy)系数给定。Gurley 数是指在给定压降下,流过样本特定体积所需的时间。Darcy 系数与压降有关,根据 Darcy 定律,其与容积流量成正比:

$$Q = K_D \frac{A}{\mu l} \Delta P \qquad\qquad (3.21)$$

式中:Q 为容积流量,m^3/s;K_D 为 Darcy 系数,m^2;A 为与流动方向垂直的横截面积,m^2;μ 为气体黏度,$kg/(m \cdot s)$;l 为路径长度(扩散介质的厚度),m;ΔP 为压降,Pa。

对于一个未压缩的东丽 TGP-H-060 碳纤维纸,已报道其 Darcy 系数 K_D 为 $5 \times 10^{-12} \sim 10 \times 10^{-12}$ m^2。气体在相同材料且厚度压缩到初始厚度的 75% 的平面内流动,可得到几乎相同的 Darcy 系数。

3.4　双　极　板

在单电池配置中,双极板是在膜电极两侧各装配的一个极板,它将一个电池的阳极与相邻电池的阴极进行电气连接,全功能的双极板对于多电池配置必不可少,见图 3-19。

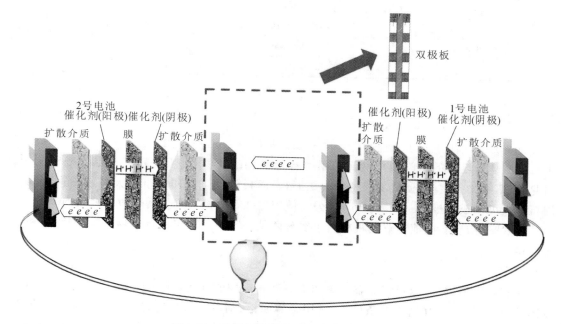

图 3-19　双极板连接和分隔两个相邻电池

在燃料电池组中,双极集电/分离板具有多个功能,而所需的特性是根据其功能确定的,具体如下。

(1) 将电池串联以形成电气连接,因此双极集电/分离板必须是导电的。

(2) 隔离相邻电池中的气体,因此双极集电/分离板必须是气体不可渗透的。

(3) 为电池组提供结构支撑,因此双极集电/分离板必须具有充足的长度,但又必须质量轻。

(4) 将热量从活跃电池传导到冷却电池或导管,因此双极集电/分离板必须可导热。

(5) 通常占据流场通道,因此双极集电/分离板必须一致。

除此之外,在燃料电池环境中双极板必须耐腐蚀,但不能由"特殊"和贵重的材料制成。为降低成本,双极板不但材料必须便宜,而且制造工艺还必须适用于批量生产。上述某些要求可能相互矛盾,双极板材料选择也是一个优化过程。最终选择的材料并不一定在任何特性中都是最好的,但却是最能满足优化准则的(通常是生产 1 kW • h 电成本最低的)。表 3-4总结了双极板的要求。

表 3-4　美国能源部 2025 年双极板特性指标

特性	2025 年指标	备注
电导率	>100 S/cm	导体率
面积比电阻	<0.01 Ω·cm²	
H₂渗透率	<2×10⁻⁶ cm³·cm/(s·cm²·Pa)	80 ℃,3 atm,100%相对湿度
阴极腐蚀电流	<1 μA/cm²	
压缩强度	>2 MPa	
抗弯曲强度	>40 MPa	
热导率	>20 W/(m·K)	电池组设计的强函数
容差	<0.05 mm	
成本	2.0 美元/千瓦	包括材料成本和制造成本
质量功率密度	<0.18 kg/kW	
寿命	8000 h	

3.4.1　材料

石墨是首次用于质子交换膜燃料电池双极板的材料之一,主要是因为在燃料电池环境中石墨展现出良好的化学稳定性。石墨本身是多孔的,这不利于它在燃料电池中的应用。因此,石墨板必须浸渍,使之不渗透水。然而,石墨板的加工并非易事且大多数燃料电池应用石墨板可能成本极高。UTC Power 公司使用多孔石墨板用于处理燃料电池组内部的水。

一般来说,燃料电池的双极板材料主要分两种:基于石墨(包括石墨合成物)的材料和金属材料。

1. 金属板

在燃料电池内部,双极板面临一个非常具有腐蚀性的环境,其 pH 值介于 2~3 之间,温度则在 60~80 ℃。在这样的条件下,常用金属如铝、钢、钛或镍容易发生腐蚀,腐蚀产生的金属离子还可能扩散到离子聚合物膜中,从而降低离子导电性,缩短燃料电池的使用寿命。此外,双极板表面形成的腐蚀层还会增加电阻。

因此,金属双极板必须涂覆非腐蚀性且导电的涂层,如石墨、类金刚石碳、导电聚合物、有机自组装聚合物、贵金属、金属氮化物、金属碳化物、铟掺杂氧化锡等。这些涂层的保护效果取决于三个因素:① 涂层的耐腐蚀性;② 涂层内部的微孔和微裂纹;③ 基材与涂层之间的热膨胀系数差异。

金属双极板适合批量生产(如冲压、压印),且其可以做得非常薄(小于 1 mm),有助于使电池组更加紧凑和轻便。然而,金属双极板需要涂层的保护,加之其在燃料电池工作中出现的相关问题,是质子交换膜燃料电池使用金属双极板的主要挑战。

2. 石墨复合板

石墨复合双极板可以由热塑性塑料(如聚丙烯、聚乙烯或聚偏二氟乙烯)或热固性树脂(如酚树脂、环氧树脂和乙烯树脂)制成,并通常含有碳/石墨粉、炭黑或焦炭石墨等填料,有时还加入纤维增强材料。虽然某些热固性材料可能会渗出而影响性能,但这些材料通常在燃料电池环境中显示出良好的化学稳定性。根据这些材料的流变特性,它们适合通过压缩成形、转移成形或注射成形等工艺进行加工。

石墨复合板在材料的组成和特性上经常需要进行细致的优化，以平衡产品的加工性（例如成本）和功能特性（例如导电性）。例如，已考虑使用体电阻率为 26 mΩ·cm 的注射成形材料来替代体电阻率为 2.9 mΩ·cm 的压缩成形材料，主要是因为注射成形工艺的生产周期只需 20 s，而压缩成形工艺的生产周期则需 20 min，大大提高了制造效率。

在设计和制造石墨复合双极板时，还必须考虑诸如公差、扭曲和趋肤效应等重要特性。趋肤效应是指聚合物在板材表面积聚，这是成形过程中的一个常见现象。高速成形过程有助于降低成本，并且石墨与聚合物材料的成本也相对较低，这些板材（尤其是含氟聚合物的板材）在燃料电池环境中展示出极佳的化学稳定性。然而，它们通常较厚（最小厚度约为 2 mm）且相对较脆，这可能在高速自动电池组装过程中成为一个问题。虽然这些板材的电导率比金属板低几个数量级，但其体阻抗引起的损耗仅为几毫伏，这在许多应用中仍是可以接受的。

3. 复合石墨/金属板

Ballard 公司已申请了一项由两层压印石墨箔和一个中间金属片组成的双极板的专利。这种设计融合了石墨的耐腐蚀性和金属板的抗渗透性及结构刚度，旨在创造一种质轻、耐用且制造便捷的双极板。特别值得一提的是，由于石墨的一致性，这种双极板的接触电阻非常低。

3.4.2　特性

表 3-5 和表 3-6 分别总结了各种金属、石墨及复合双极板材料的关键特性。总电导率或总电阻率包括了材料的体电阻率以及界面接触电阻率两个部分。在实际的燃料电池系统中，界面接触电阻往往比体电阻更为关键。这些板材的体电阻率可以使用 Smits 提出的四点探针法来测量表面电阻率而得到。

表 3-5　金属双极板不同材料特性

特性	单位	材料			
		不锈钢	Al	Ti	Ni
密度	g/cm³	7.95	2.7	4.55	8.94
体电导率	S/cm	14000	377000	23000	146000
热导率	W/(m·K)	15	223	17	60.7
热膨胀系数	μm/(mm·K)	18.5	24	8.5	13

表 3-6　石墨/复合双极板的不同材料特性

特性	单位	材料和生产厂商			
		石墨（POCO）	BBP4（SGL）	PPG 86（SGL）	BMC940（利安德巴赛尔）
密度	g/cm³	1.79	1.97	1.85	1.82
体电导率	S/cm	680	200	56	100
热导率	W/(m·K)	95	20.5	14	19.2
热膨胀系数	μm/(mm·K)	7.9	3.2	27	30
抗拉强度	MPa	60			30
弯曲强度	MPa	90	50	35	40
抗压强度	MPa	145	76	50	

如图 3-20 所示,通过对所测电压降和相应电流值施加一个几何相关的矫正因子,可测得薄板的体电阻率:

$$\rho = k \frac{V}{I} t \qquad (3.22)$$

式中:ρ 为体电阻率,$\Omega \cdot cm$;k 为校正因子,是 D/S 和 t/S 的函数,其中 D 为样品直径,S 为探针间距,t 为样品厚度,校正因子 k 的取值见表 3-7;V 为被测电压,V;I 为施加电流,A;t 为样品厚度,cm。

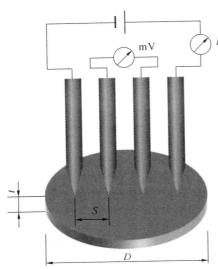

图 3-20　四点探针法测体电阻率

然而,体电阻率并不是燃料电池中电压损耗的重要因素,即使是对于体电阻率相对较高的双极板也是如此。例如,一个体电阻率高达 80 $\Omega \cdot cm$ 的 3 mm 厚的石墨复合成形双极板,在 1 A/cm^2 时的电压损耗大约为 2.4 mV。而界面接触电阻率更大,如在双极板和气体扩散层之间的界面接触电阻率。

表 3-7　采用四点探针法测薄圆样品体电阻率时的校正因子

D/S	t/S									
	<0.4	0.4	0.5	0.6	0.7	0.8	1	1.25	1.66	2
3	2.2662	2.2651	2.2603	2.2476	2.2240	2.1882	2.0881	1.9240	1.6373	1.4359
4	2.9289	2.9274	2.9213	2.9049	2.8744	2.8281	2.6987	2.4866	2.1161	1.8558
5	3.3625	3.3608	3.3538	3.3349	3.3000	3.2468	3.0982	2.8548	2.4294	2.1305
7.5	3.9273	3.9253	3.9171	3.8951	3.8543	3.7922	3.6186	3.3343	3.8375	2.4883
10	4.1716	4.1695	4.1608	4.1374	4.0940	4.0281	3.8437	3.5417	3.1040	2.6431
15	4.3646	4.3624	4.3533	4.3288	4.2834	4.2145	4.0215	3.7055	3.1534	2.7654
20	4.4364	4.4342	4.4249	4.4000	4.3539	4.2838	4.0877	3.7665	3.2053	2.8109
40	4.5076	4.5053	4.4959	4.4706	4.4238	4.3525	4.1533	3.8270	3.2567	2.8560
∞	4.5324	4.5401	4.5206	4.4952	4.4481	4.3765	4.1762	3.8480	3.2747	2.8717

如图 3-21 所示,将一个双极板置于两个气体扩散层之间(或将一个气体扩散层置于两个双极板之间)可确定界面接触电阻,然后接通电流来测量电压降。在该实验中,总电压降(或电阻,$R=V/I$)是合模压力的函数。如图 3-22 所示,几个串联电阻,即镀金板和气体扩散介质之间的接触电阻 $R_{\text{Au-GDL}}$、气体扩散介质的体(贯穿平面)电阻 R_{GDL}、气体扩散介质和双极板之间的接触电阻 $R_{\text{GDL-BP}}$、双极板的体电阻 R_{BP},它们的等效电阻为

$$R_{\text{mes}} = 2R_{\text{Au-GDL}} + 2R_{\text{GDL}} + 2R_{\text{GDL-BP}} + R_{\text{BP}} \tag{3.23}$$

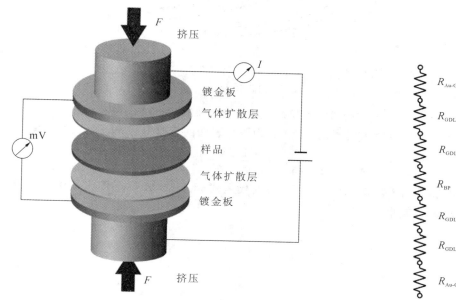

图 3-21　测试石墨和石墨复合成形样品的总电阻的实验装置示意图　　图 3-22　实验等效电阻图

气体扩散介质的体电阻 R_{GDL} 以及双极板的体电阻 R_{BP},可独立测量或由生产厂商说明书获得,镀金板和气体扩散介质之间不希望出现的接触电阻可通过额外测量两个镀金板之间夹一个气体扩散介质层的等效电阻 R'_{mes} 来确定:

$$R'_{\text{mes}} = 2R_{\text{Au-GDL}} + R_{\text{GDL}} \tag{3.24}$$

则接触电阻为

$$R_{\text{GDL-BP}} = (R_{\text{mes}} - R'_{\text{mes}} - R_{\text{BP}} - R_{\text{GDL}})/2 \tag{3.25}$$

双极板和气体扩散介质的体电阻与合模压力无关,而接触电阻显然是合模压力的函数。图 3-23 给出了几种气体扩散介质与石墨复合双极板之间的接触电阻。在 2 MPa 时,碳纤维纸的接触电阻大约是 3 mΩ · cm;碳纤维布的接触电阻较小,约为 2 mΩ · cm。Mathias 等人采用一个略微不同的测量步骤得到几乎相同的测量结果。界面接触电阻不仅取决于接触压力(合模压力),还取决于两个接触表面的表面特性和有效电导率。

通过表面形貌的分形几何描述,Majumdar 和 Tien 得出接触电阻和合模压力之间的关系。Mishra 等人对 Majumdar-Tien 关系式进行修正,使之适用于相对柔软材料(如气体扩散层)和硬材料(如双极板)的情况:

$$R = \frac{A_{\text{a}} K G^{D-1}}{\kappa L^D} \left[\frac{D}{(2-D) p^*} \right]^{\frac{D}{2}} \tag{3.26}$$

式中:R 为接触电阻,Ω · m²;A_{a} 为交界面处的视在接触面积,m²;K 为几何常量;G 为表面轮廓形貌系数,m;D 为表面轮廓分形维度;L 为扫描长度,m;p^* 为无量纲的合模压力(即实

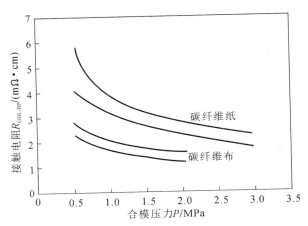

图 3-23　气体扩散介质和石墨复合双极板之间的接触电阻的测量结果

际合模压力与气体扩散层压缩模量之比);κ 为两个表面的有效电导率,S/m,有

$$\frac{1}{\kappa} = \frac{1}{2}\left(\frac{1}{\kappa_1} + \frac{1}{\kappa_2}\right) \tag{3.27}$$

　　由表面轮廓仪扫描获得几何参数后,将其代入式(3.26),Mishra 等人得到的计算结果与接触电阻测量结果非常吻合。

第4章 燃料电池动力学建模

在研究和开发燃料电池技术的过程中,理解和预测其在不同操作条件下的性能是至关重要的。燃料电池的操作性能受到多种因素的影响,包括内部压力、湿度以及质子和气体的传输动力。因此,精确的动力学模型对于优化燃料电池设计和提高其效率具有重要意义。

本章主要通过理论和实验方法探究和解析燃料电池在工作过程中的复杂物理和化学过程,包括对燃料电池内部质量传输、热管理以及电化学反应动力学的详细研究,详细讨论了质量传输的理论基础,探讨如何通过实验数据支持模型的建立,并展示了如何利用这些模型预测燃料电池在实际工作中的行为。通过本章的学习,读者将能够深入理解燃料电池动力学建模理论,为未来的研究和应用提供理论基础和实用指导。这不仅有助于推动燃料电池技术的发展,还将促进其在可持续能源系统中的应用。

表 4-1 列出了燃料电池的典型工作条件,本章将会详细介绍这些参数。

表 4-1　质子交换膜燃料电池典型工作条件

压力	氢/空气:环境压力为 400 kPa 氢/氧:最大压力为 1200 kPa
温度	50～80 ℃
倍数流量	氢:1～1.2 氧:1.2～1.5 空气:2～2.5
反应物湿度	氢:0～125% 氧/空气:0～100%

4.1　工作压力

燃料电池可以在环境压力或加压状态下工作,而提高工作压力可以增加燃料电池的电势(见图 4-1),进而提高功率。但电势的增加量与压力的对数成正比,而不是线性关系。然而,用于增压反应气体的能耗可能会抵消由于压力增加而获得的电势增量。净功率增益的获得取决于燃料电池的极化曲线、压缩设备的效率以及系统配置等因素,因此需要对每个燃料电池系统进行具体评估。增压过程还与水的管理相关,并受到工作温度的影响,需要从系统整体的角度考虑。

对于使用氢气和氧气的燃料电池,由于这两种气体都存储在加压容器中,压缩过程不会造成功率损耗,因此这类燃料电池通常在较高的压力下工作,范围通常是 3～12 bar(需要注意的是,电压/功率增益与压力从 10 bar 到 100 bar 的对数关系相当于气体压力从 1 bar 到 10 bar 的变化)。然而,对于使用氢气和空气的燃料电池,空气的压缩需要借助机械设备(如鼓风机或压缩机),这将增加系统的复杂性且需要消耗功率。对于这种系统,可以选择在常压环境下工作或增压至高达 3 bar 的压力条件下运行。

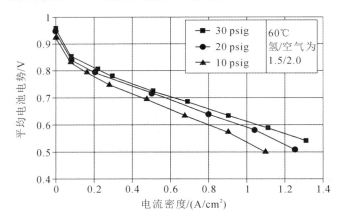

图 4-1　不同工作压力下的燃料电池性能

(注:1 psig＝6894.76 Pa)

当燃料电池从增压容器接收反应气体时,背压调节器控制燃料电池出口的压力,以维持所需的预设压力(见图 4-2(a))。实验室通常不会记录进气压力,但进气端的压力通常较高,因为气体在流经燃料电池内部狭窄通道时会发生不可避免的压降。当空气等反应气体通过机械设备(如鼓风机或压缩机)输送到燃料电池时,这些设备能够在所需压力下提供足够的气体流量(见图 4-2(b))。使用背压调节器可以为电池增压;如果不使用,气体将在大气压力下排出。需要注意的是,大气压会随天气状况和海拔变化,例如美国洛斯·阿拉莫斯国家实验室的许多实验因受海拔影响,实际上是在标准压力下进行的。

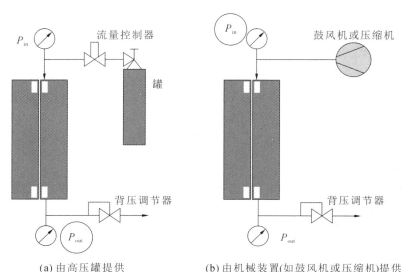

(a)由高压罐提供　　　　　　(b)由机械装置(如鼓风机或压缩机)提供

图 4-2　不同供气压力的工作系统

4.2 工 作 温 度

　　在第 2 章中我们探讨了多个参数,如反应速率系数 k_f、活化过电势 V_{act}、膜电导率,都为与温度的相关函数,一般来说,工作温度越高,电池电势越大。然而每种燃料电池设计,都有一个最佳温度。如图 4-3 所示,这个特定的燃料电池的最佳工作温度似乎是 75~80 ℃,在 80 ℃以上工作性能会下降。质子交换膜燃料电池并不一定需要加热到工作温度才能工作。燃料电池甚至能够在冷冻条件下工作,只是不能达到最大额定功率。汽车厂商已经投入大量精力来研究在温度低至−30 ℃时燃料电池的适应性和冷启动能力。

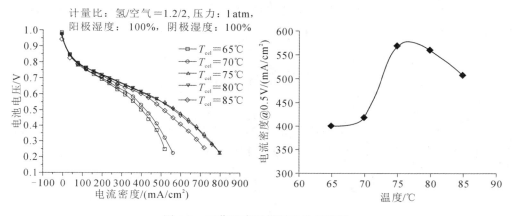

图 4-3　工作温度对燃料电池的影响

　　工作温度的上限主要由使用的膜材料决定。由于 PEM(质子交换膜)的功能依赖于其水合状态,标准的聚砜酰胺(PSA)膜在 100 ℃以上的温度下难以保持性能,因为这接近于聚合物的玻璃化转变温度。因此,使用 PSA 膜或类似膜的质子交换膜燃料电池通常不会在超过 90 ℃的高温下运行,其操作温度一般限制在 80 ℃以下。而某些特殊膜材料,如掺杂聚苯并咪唑(PBI)膜或磷酸膜,可以在高达 140 ℃或更高温度下工作,这些材料中的水分被酸取代,用作质子的溶剂。

　　燃料电池的工作温度选择需要综合考虑系统级别的要求,包括电池性能以及热管理子系统的配置和寄生损耗。燃料电池在运行过程中会产生热量,作为电化学反应的自然副产品。为维持适宜的操作温度,这些热量需要被有效地从燃料电池中排出。部分热量可以通过电池的外表面散发,而更多的热量则需通过冷却系统,使用空气、水或专用冷却剂来导出。燃料电池的内部设计必须支持这种热交换。在某些情况下,尤其是小型燃料电池,可能还需要额外的加热器来帮助达到必要的工作温度,尤其是在环境温度较低时。这虽然看似不经济,但有时为了在期望的操作温度下测试燃料电池,使用加热器成为必要选择。

　　燃料电池的热平衡如下：

$$Q_{gen} + Q_{react,in} = Q_{react,out} + Q_{dis} + Q_{cool} \tag{4.1}$$

即燃料电池中产生的热量加上随反应气体带入电池中的热量,等于反应气体排出电池时通过电池表面向周围环境耗散的热量(包括由反应气体带出的热量和电池向外辐射等放出的热量)与通过冷却剂耗散的热量之和。

　　燃料电池内部的温度并不均匀,从入口到出口、从内到外或从阴极到阳极都有所不同。究竟哪个温度是电池的温度? 电池的温度可用以下更容易测量的温度近似表示:

　　(1) 表面温度;

　　(2) 排出电池的空气温度;

　　(3) 排出电池的冷却剂温度。

　　由于在燃料电池内部热转移所需的温度差有限,因此上述这些都不是电池的真正工作温度。在燃料电池自加热的情况下,表面温度显然低于内部温度,而如果用加热垫对燃料电池的表面进行加热,其表面温度实际上是高于内部温度的。由于燃料电池的大部分损耗都与阴极反应有关,因此燃料电池内的空气温度是电池工作温度的一种较好的近似,尽管燃料电池内部的温度至少略高于空气温度。在电池温度由流过电池的冷却剂确定的情况下,冷却剂出口温度可作为电池工作温度。上述近似的正确性取决于电池材料的热导率以及空气和冷却剂的流量。

4.3　反应物流量

　　燃料电池入口处的反应物流量必须等于或高于电池内反应物的消耗速率。氢和氧的消耗速率(单位为 mol/s)与水的生成速率可由法拉第定律确定:

$$\dot{N}_{H_2} = \frac{I}{2F} \tag{4.2}$$

$$\dot{N}_{O_2} = \frac{I}{4F} \tag{4.3}$$

$$\dot{N}_{H_2O} = \frac{I}{2F} \tag{4.4}$$

式中:$\dot{N}$ 为消耗速率,mol/s;I 为电流,A;F 为法拉第常数,C/mol。

　　反应物消耗的质量流量(单位为 g/s)为

$$\dot{m}_{H_2} = \frac{I}{2F} M_{H_2} \tag{4.5}$$

$$\dot{m}_{O_2} = \frac{I}{4F} M_{O_2} \tag{4.6}$$

　　水生成的质量流量(单位为 g/s)为

$$\dot{m}_{H_2O} = \frac{I}{2F} M_{H_2O} \tag{4.7}$$

　　大部分情况下,气体的流量用单位体积表示,如标准升每分钟(NL/min)、标准升每秒(NL/s)、标准立方米每分钟(Nm³/min)或标准立方米每小时(Nm³/h)。标准升或标准立方米分别是指在正常条件下(即 1 atm 且温度为 0 ℃下)气体占据 1 L 或 1 m³ 时的气体量。在实际和技术文献中,通常使用标准条件,如标准升每分钟(slpm)、标准立方尺每分钟(scfm)或标准立方英尺每小时(scfh),但是关于标准条件随来源不同而产生许多混淆,如 15 ℃、15.6 ℃(60 ℉)、20 ℃(68 ℉)和 21.1 ℃(70 ℉)都可作为标准温度,而 101.3 kPa(1 atm 或 14.696 psi)、1 bar(0.987 atm 或 14.5 psi)或 30 inHg(1.016 bar 或 14.73 psi)也都可以作为标准压力。注意,在大气科学中,标准大气定义为在海平面处温度为 15 ℃(59 ℉)且压力为 101.3 kPa 时的大气,然而大多数化学手册和课本将 25 ℃ 作为标准温度或参考温度。因此,为了避免混淆标准温度和标准气压,最好采用标准升(NL)或标准立方米(Nm³)等单位,这是国际单位。但还要注意,"升"并不是国际单位,但已被国际计量委员会(CIPM)接受。

对于任何理想气体,根据状态方程,摩尔和体积直接相关:

$$PV = NRT \tag{4.8}$$

摩尔体积为

$$v_{\mathrm{m}} = \frac{V}{N} = \frac{RT}{P} \tag{4.9}$$

在标准条件下,即大气压为 101.3 kPa 和温度为 0 ℃ 下,摩尔体积为

$$v_{\mathrm{m}} = \frac{RT}{P} = \frac{8.314 \times 273.15}{101300}\ \mathrm{m^3/mol} = 0.02242\ \mathrm{m^3/mol} = 22.42\ \mathrm{L/mol}$$
$$= 22420\ \mathrm{cm^3/mol}$$

反应物消耗的体积流量(单位为 NL/min)为

$$\dot{V}_{\mathrm{H_2}} = 22.42 \times 60\ \frac{I}{2F} \tag{4.10}$$

$$\dot{V}_{\mathrm{O_2}} = 22.42 \times 60\ \frac{I}{4F} \tag{4.11}$$

表 4-2 列出了理想情况下,燃料电池每放电 1 A 时反应物的消耗量以及水的生成量。

表 4-2　反应物消耗量和水生成量(电池每放电 1 A)

单位	氢消耗量	氧消耗量	水的生成量(液态)
mol/s	5.18×10^{-6}	2.59×10^{-6}	5.18×10^{-6}
g/s	10.4×10^{-6}	82.9×10^{-6}	93.3×10^{-6}
NL/min	6.970×10^{-3}	3.485×10^{-3}	
Nm³/h	0.418×10^{-3}	0.209×10^{-3}	

反应物的供给量通常超过消耗量,并且在某些情况下,这种超额供给是必需的。例如,过量的氧气可以帮助在阴极侧生成的水有效排出。位于电池入口处反应物的实际流量与其消耗率的比值称为化学计量比 S:

$$S = \frac{\dot{N}_{\mathrm{act}}}{\dot{N}_{\mathrm{cons}}} = \frac{\dot{m}_{\mathrm{act}}}{\dot{m}_{\mathrm{cons}}} = \frac{\dot{V}_{\mathrm{act}}}{\dot{V}_{\mathrm{cons}}} \tag{4.12}$$

可用确切的消耗率来供应氢,即所谓的全流过滤模式(见图 4-4(a))。若在较大压力下(如在高压存储容器中)获得氢,则全流过滤模式不需要控制,即在消耗氢的同时供应氢。在全流过滤模式中,S=1。如果考虑由于交叉渗透或内部电流引起的氢损耗,那么在燃料电池入口处氢流量会略高于氢为产生电流的消耗率:

$$S_{\mathrm{H_2}} = \frac{\dot{N}_{\mathrm{H_2,cons}} + \dot{N}_{\mathrm{H_2,loss}}}{\dot{N}_{\mathrm{H_2,cons}}} > 1 \tag{4.13}$$

式中:$\dot{N}_{\mathrm{H_2,cons}}$ 为氢的消耗率,mol/s;$\dot{N}_{\mathrm{H_2,loss}}$ 为氢的损耗率,mol/s。

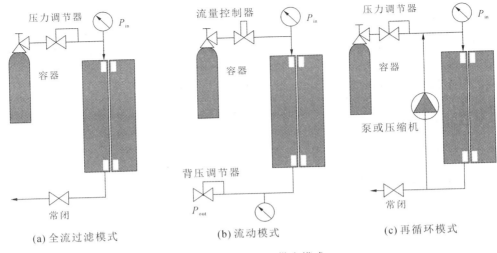

图 4-4　反应物的供应模式

燃料的利用率,即电化学反应中消耗燃料与燃料电池供应燃料之比,为化学计量比的倒数:

$$\eta_{fu} = \frac{1}{S_{H_2}} \qquad (4.14)$$

因此,在全流过滤工作模式下,有

$$\eta_{fu} = \frac{\dot{N}_{H_2,cons}}{\dot{N}_{H_2,cons} + \dot{N}_{H_2,loss}} \qquad (4.15)$$

即使在全流过滤模式下,由于在馈入氢或氢渗透到聚合物膜时会造成惰性气体或水的积聚,因此必须对氢进行定期清除。清除的频率和持续时间取决于氢的纯度、膜的氮渗透速率以及净传输通过膜的水量。在计算燃料电池效率时,必须在燃料的利用率中考虑由清除氢导致的损耗:

$$\eta_{fu} = \frac{\dot{N}_{H_2,cons}}{\dot{N}_{H_2,cons} + \dot{N}_{H_2,loss} + \dot{N}_{H_2,prg} \tau_{prg} f_{prg}} \qquad (4.16)$$

式中:$\dot{N}_{H_2,prg}$ 为氢的清除率,mol/s;τ_{prg} 为氢的清除持续时间,s;f_{prg} 为清除氢的频率,s^{-1}。

在流动模式中,通常会供应超额的氢气(化学计量比 S 大于1,参见图4-4(b))。在这种模式下,燃料的利用率可以通过式(4.14)确定。在使用纯净的反应物(如氢和/或氧)时,可以采用再循环模式(见图4-4(c))。在这种模式中,未反应的气体通过泵或压缩机,或者可以利用文丘里管,被送回入口。值得注意的是,在再循环模式下,虽然化学计量比远超1,但由于未反应的氢气或氧气没有被浪费,而是重新循环至电池入口以被消耗,所以系统层面的燃料或氧化剂利用率较高,接近于1。然而,定期清除阳极和阴极处积聚的惰性气体仍然是必需的。在这种情况下,可以使用式(4.16)来计算燃料或氧的利用率。所有模式几乎都会向系统供应空气,化学计量比 S 通常设定为2或更高。

一般来说,流量增加可以提升燃料电池的性能,尤其是当氢气或氧气的纯度不足时。虽然在化学计量比为1(全流过滤模式)或略高于1(例如1.05~1.2)的条件下可以使用纯净的气体,但从燃料处理器来的混合气体需要在更高的化学计量比(如1.1~1.5)下供应。实际所需的流量是一个重要的设计时须考虑的因素。如果流量过高,则可以提升燃料电池性能,但会造成能源浪费,从而降低系统效率;反之,流量过低则会限制燃料电池的性能。

　　同理,对于纯氧而言,所要求的化学计量比为 1.2～1.5,但当使用空气时,典型的化学计量比则是 2 或更高。虽然空气流量越高,电池性能越好,如图 4-5 所示,但空气流量也是一个设计变量。可利用鼓风机或压缩机(取决于工作压力)来向电池供应空气,而鼓风机或压缩机的功率消耗与流量直接成正比。因此,当空气流量较高时,燃料电池的性能会更好,但鼓风机尤其是压缩机的功率消耗会显著影响系统效率。

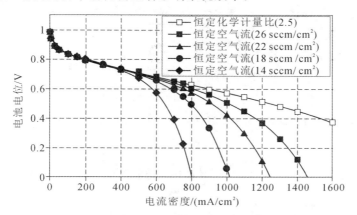

图 4-5　不同空气流量下的燃料电池性能

燃料电池的性能会随着空气流量的增大而提高,至少有两个原因:

(1) 流量较高有助于从电池中去除产生的水;

(2) 流量较高可保持较高的氧浓度。

　　由于电池内会消耗氧,因此电池出口处的氧浓度取决于流量。如果以确定的化学计量比($S=1$)来供应空气,则供应空气中的所有氧都将消耗在燃料电池内,即排放到空气中的氧浓度为零。空气流量越高,则出口处和整个电池中的氧浓度就越高,如图 4-6 所示。

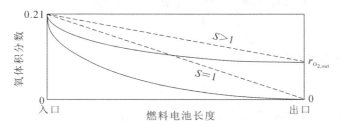

图 4-6　燃料电池出口处氧浓度与化学计量比的关系

(注:虚线表示氧消耗率不变的情况,然而实际过程中氧含量会减小,

氧消耗率也会减小,如实线所示)

　　如果燃料电池入口处的氧体积或摩尔分数为 $r_{O_2,in}$,则出口处的氧体积或摩尔分数为

$$r_{O_2,out} = \frac{S-1}{\dfrac{S}{r_{O_2,in}}-1} \tag{4.17}$$

　　由图 4-7 可知,在化学计量比小于 2 时,出口处的氧含量快速减小。由于出口处的空气几乎都是饱和的水蒸气,因此其氧含量甚至低于干燥空气中的氧含量。例如,在 1 atm 和 80 ℃下,化学计量比为 2 时燃料电池出口处的氧含量仅为 6%。化学计量比增大到 3 时出

口处氧含量增大到 8%。化学计量比超过 3 后,曲线逐渐平缓,出口氧浓度和燃料电池的性能没有太大改变。

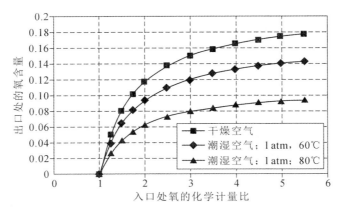

图 4-7　燃料电池出口处氧含量(体积)与化学计量比的关系

4.4　反应物湿度

由于膜依赖水分来维持其质子导电性,因此两种反应气体在进入电池前通常需要湿化。在某些情况下,气体需达到饱和状态。然而,在实际操作中,阳极侧可能需要较高湿度,而阴极侧的湿度则不必较高。这种差异化的湿度需求有助于优化燃料电池的整体性能。

湿度比是指气流中的水蒸气量和干燥气体量之比。湿度质量比(气流中水蒸气的克数与干燥气体的克数之比)为

$$x = \frac{m_v}{m_g} \tag{4.18}$$

湿度摩尔比(气流中水蒸气的摩尔数与干燥气体的摩尔数之比)为

$$\chi = \frac{N_v}{N_g} \tag{4.19}$$

湿度质量比和湿度摩尔比之间的关系为

$$x = \frac{M_w}{M_g}\chi \tag{4.20}$$

式中:M_w 为水的摩尔质量,通常为 18.02 g/mol;M_g 为干燥气体(如干燥空气)的摩尔质量,如果是空气,则通常为 28.97 g/mol。

气体的摩尔比可以用局部分压来表示:

$$\chi = \frac{p_v}{p_g} = \frac{p_v}{P - p_v} \tag{4.21}$$

式中:P 为总压力;p_v 和 p_g 分别为水蒸气和干燥气体的局部压力。

相对湿度是水蒸气局部压力 p_v 与饱和蒸汽压 p_{vs}(p_{vs} 是在给定条件下能够存在于气体内的水蒸气最大量)之比:

$$\varphi = \frac{p_v}{p_{vs}} \tag{4.22}$$

饱和压力是一个只与温度相关的函数。饱和蒸汽压可以在热动力学表中查到。美国采

暖、制冷与空调工程师协会（ASHRAE）提供了一个用于计算 0～100 ℃任意温度下饱和蒸汽压（单位为 Pa）的公式：

$$p_{vs} = e^{aT^{-1}+b+cT+dT^2+eT^3+f\ln T}$$

（4.23）

式中：a、b、c、d、e 和 f 均为系数，且 $a = -5800.2206$，$b = 1.3914993$，$c = -0.048640239$，$d = 0.41764768 \times 10^{-4}$，$e = -0.14452093 \times 10^{-7}$，$f = 6.5459673$。

联立式（4.20）～式（4.22），湿度比可由相对湿度、饱和蒸汽压以及总压力表示：

$$x = \frac{M_w}{M_g} \frac{\varphi p_{vs}}{P - \varphi p_{vs}}$$

（4.24）

$$\chi = \frac{\varphi p_{vs}}{P - \varphi p_{vs}}$$

（4.25）

图 4-8 给出了不同压力和温度下气体中的水蒸气含量。由式（4.25）可知，在压力较低时，气体可包含更多的水蒸气，并且由式（4.23）和式（4.25）可知，气体的含水量随着温度的升高呈指数增加。在 80 ℃和 1 atm 压力下，空气的含水量接近 50% 时，水蒸气的体积百分比含量为

$$r_{H_2O,v} = \frac{\chi}{\chi + 1} = \frac{\varphi p_{vs}}{P}$$

（4.26）

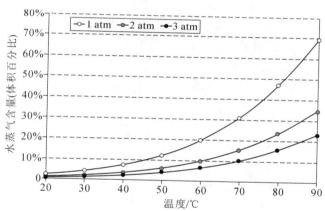

图 4-8　不同压力和温度下气体中的水蒸气含量

干燥气体的焓为

$$h_g = c_{p,g} t$$

（4.27）

式中：h_g 为干燥气体的焓，J/g；$c_{p,g}$ 为气体的比热容，J/(g·K)；t 为温度，℃。

注意，假设参考零状态是在 0 ℃（即 $h_g = 0$），上式允许采用摄氏温标，摄氏温标下温度差 1 ℃等同于 1 K（开尔文）。

水蒸气的焓为

$$h_{vg} = c_{p,v} t + h_{fg}$$

（4.28）

式中：h_{fg} 为水在 0 ℃时蒸发的热量，取 2500 J/g。

潮湿气体的焓为

$$h_{vh} = c_{p,g} t + x(c_{p,v} t + h_{fg})$$

（4.29）

液态水的焓为

$$h_w = c_{p,w} t$$

（4.30）

通常来说，燃料电池出口处含有水蒸气和液态水，气体含有水蒸气和液态水的焓为

$$h_{\mathrm{vl}} = c_{\mathrm{p,g}}t + x_{\mathrm{v}}(c_{\mathrm{p,v}}t + h_{\mathrm{fg}}) + x_{\mathrm{w}}c_{\mathrm{p,w}}t \tag{4.31}$$

式中：x_{v} 为水蒸气含量（即每克干燥气体里的水蒸气克数）；x_{w} 为液态水含量（即每克干燥气体里液态水的克数）。

总的含水量为

$$x = x_{\mathrm{v}} + x_{\mathrm{w}} \tag{4.32}$$

注意，当 $x_{\mathrm{w}} = 0$ 时，$x = x_{\mathrm{v}}$；若 $x_{\mathrm{w}} > 0$，则 $x_{\mathrm{v}} = x_{\mathrm{vs}}$（即当气体中存在液态水，气体的蒸汽已饱和）。

含潮湿气体的反应过程可在 $h\text{-}x$ 图或莫利尔图（Mollier diagram，见图 4-9）观测，在 0 ℃ 时，焓的改变率等于水的潜热：

$$\left(\frac{\mathrm{d}h}{\mathrm{d}x}\right)_{t=0\,℃} = h_{\mathrm{fg}} \tag{4.33}$$

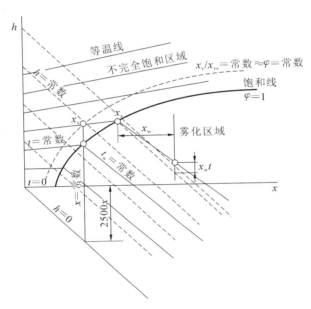

图 4-9　潮湿空气的莫利尔图

如图 4-9 所示，饱和线将莫利尔图分成两个区域：饱和线以上是不完全饱和区域，而饱和线以下则是雾化区域。潮湿气体的状态可以通过温度与相对湿度、温度与水含量或温度与露点来描述，其中露点是指气体中所有水蒸气凝结成液态水的温度。

质子交换膜燃料电池中的反应气体通常需要增湿。虽然大部分情况下，两种反应气体都需要在电池的工作温度下达到饱和，但电池及膜电极组件的设计可能不要求完全饱和或超饱和。增湿的过程可以是简单的水或蒸汽注入。无论采用哪种方式，都需要在电池工作温度下向干燥气体或常温空气中加水和加热来获得完全饱和的气体。在干燥气体中加水通常会导致其饱和温度低于初始的空气和水的温度（见图 4-10）。

增湿过程中所需的热量非常关键，特别是当在常压下的空气需要在较高温度下达到饱和状态时。

例 4-1　一个 300 cm² 有效面积的燃料电池工作在 0.6 A/cm² 和 0.65 V 的条件下。阴极供应化学计量比为 2 和压力为 1.15 bar 的空气，并在电池组入口前通过注入热水（60 ℃）来增湿。环境空气条件为 1 bar、20 ℃ 和 60% 的相对湿度。要求在 60 ℃ 的电池工作温度下

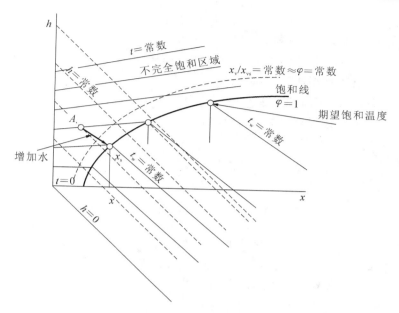

图 4-10 增湿过程图解

空气达到饱和。试计算空气流量、入口处空气 100% 湿度所需的水量以及增湿所需的热量。

解 根据式(4.3),氧的消耗量为

$$\dot{N}_{O_2} = \frac{I}{4F} = \frac{0.6 \times 300}{4 \times 96485} \text{ mol/s} = 0.466 \times 10^{-3} \text{ mol/s}$$

根据式(4.12),在电池入口处,氧的流量为

$$\dot{N}_{O_2,act} = S_{O_2} \dot{N}_{O_2} = 2 \times 0.466 \times 10^{-3} \text{ mol/s} = 0.932 \times 10^{-3} \text{ mol/s}$$

则空气的流量为

$$\dot{N}_{O_2,in} = \dot{N}_{O_2,act} \frac{1}{r_{O_2}} = \frac{0.932 \times 10^{-3}}{0.21} \text{ mol/s} = 4.44 \times 10^{-3} \text{ mol/s}$$

$$m_{air,in} = \dot{N}_{O_2,in} M_{air} = 4.44 \times 10^{-3} \times 28.85 \text{ g/s} = 0.128 \text{ g/s}$$

根据式(4.18),电池入口空气中的水量(在 1.15 bar 和 60 ℃):

$$m_{H_2O,in} = x_s m_{air,in}$$

式中:x_s 为饱和状态空气含水量,$\varphi=1$,则可通过式(4.24)计算,有

$$x_s = \frac{M_{H_2O}}{M_{air}} \frac{p_{vs}}{P - p_{vs}}$$

式中:p_{vs} 为 60 ℃时水的饱和蒸汽压,根据式(4.23)计算可得

$$p_{vs} = e^{aT^{-1} + b + cT + dT^2 + eT^3 + f\ln T} = 19.944 \text{ kPa}$$

$$x_s = \frac{M_{H_2O}}{M_{air}} \frac{p_{vs}}{P - p_{vs}} = 0.131$$

$$m_{H_2O,in} = x_s m_{air,in} = 0.131 \times 0.128 \text{ g/s} = 0.0168 \text{ g/s}$$

由于环境空气中已经存在了一定的水(20 ℃时,具有 60% 相对湿度,$p_{vs}=2339$ kPa),则有

$$x_s = \frac{M_{H_2O}}{M_{air}} \frac{p_{vs}}{P - p_{vs}} = \frac{18.02}{28.85} \times \frac{0.6 \times 2.339}{100 - 0.6 \times 2.339} = 0.00889$$

$$m_{H_2O,in} = x_s m_{air,in} = 0.00889 \times 0.128 \text{ g/s} = 0.0011 \text{ g/s}$$

因此,在电池入口处空气增湿所需要的水量为

$$m_{H_2O,in} = (0.0168 - 0.0011) \text{g/s} = 0.0157 \text{ g/s}$$

根据热平衡可计算增湿所需的热量:

$$H_{air,amb} + H_{H_2O} + Q = H_{air,in} \Rightarrow Q = H_{air,in} - H_{air,amb} - H_{H_2O}$$

根据式(4.29)计算潮湿空气的焓,过程如下。

增湿后的空气:

$$h_{vair,in} = [1.01 \times 60 + 0.131 \times (1.87 \times 60 + 2500)] \text{ J/g} = 402.8 \text{ J/g}$$

环境中的空气:

$$h_{vair,amb} = [1.01 \times 20 + 0.00889 \times (1.87 \times 60 + 2500)] \text{ J/g} = 43.42 \text{ J/g}$$

水:

$$h_{H_2O} = c_{p,w}t = 4.18 \times 60 \text{ J/g} = 250.8 \text{ J/g}$$

$$Q = 402.8 \times 0.128 \text{ W} - 43.42 \times 0.128 \text{ W} - 250.8 \times 0.0157 \text{ W}$$
$$= 51.56 \text{ W} - 5.56 \text{ W} - 3.94 \text{ W} = 42.06 \text{ W}$$

电池功率为

$$W_{el} = IV = 0.6 \times 300 \times 0.65 \text{ W} = 117 \text{ W}$$

电池效率为

$$\eta = V/1.482 = 0.439$$

电池产生的热量:

$$Q = (117/0.439 - 117) \text{ W} = 149.5 \text{ W}$$

生成的水量:

$$m_{H_2O,gen} = \frac{I}{2F} M_{H_2O} = \frac{0.6 \times 300}{2 \times 96485} \times 18.02 \text{ g/s} = 0.0168 \text{ g/s}$$

因此,在该例中燃料电池可产生多于增湿流入空气所需的热量和水。一个设计良好的系统会获取电池产生的热量和水以用于增湿流入的空气。

图 4-11 给出了燃料电池中空气和氢增湿所需足够的水的条件(假定两种气体在增湿前是完全干燥的)。在给定化学计量比的饱和线之上,反应气体增湿所需的水量大于电池组中反应生成的水量。

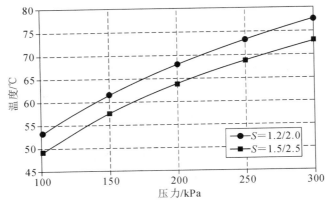

图 4-11　在不同化学计量比下燃料电池中饱和水蒸气的温度随压力变化的关系曲线
(注:S 值中"/"号前表示氢的化学计量比,"/"号后表示空气的化学计量比)

在讨论燃料电池工作原理时,一个常见的疑问是:如果在阴极侧已经生成了足够的水,为何还需要在气体进入电池前对空气进行增湿呢? 这主要是为了防止进气口附近电池的膜过度干燥。虽然电池内部可以生成一定量的水,但通常情况下,电池内的空气并未达到完全饱和状态。这一点可以从图 4-12(a)看出,由该图可知即便是在电池产生了足够水的情况下,大部分空气仍然未完全饱和。然而,需要注意的是,图 4-12(a)描述的场景属于理想情况,存在如下条件:

(1) 假设进入电池的空气是干燥的,并且加热到电池的工作温度;

(2) 电池是等温的;

(3) 没有压降;

(4) 生成水量(即反应速率)是恒定的。

上述理想情况在实际应用过程中极为罕见。实际工作条件下,电池中的水分布会明显改变,如图 4-12(b)所示。选择合适条件,从而产生足够的水,以使燃料电池出口处的空气饱和。在环境条件下,进入电池的空气相对干燥。在较低的温度(20～30 ℃)下,空气饱和所需的水较少,而产生的水相当充足。随着空气温度不断升高以及压力逐渐减小,所需的水越来越多。合理设计燃料电池中空气流动和热转移通道,可使得两种水分布更加匹配。

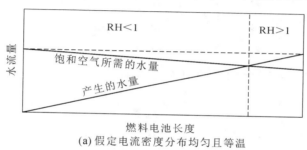

(a) 假定电流密度分布均匀且等温

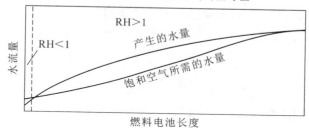

(b) 假定电流密度分布不均匀且从入口到出口的空气温度逐渐升高

图 4-12　燃料电池中的水分布线

(注:RH 表示相对湿度)

图 4-13 给出了燃料电池入口空气的含水量受进气温度的影响,以露点温度反映。燃料电池出口需要饱和空气。图 4-13 中曲线以上的条件将会在电池出口处产生液态水,而曲线以下的条件将会在电池出口处产生不完全饱和的空气。

Berming 提出排出气体的露点温度可作为工作条件的选择标准。阳极出口处气体的露点温度取决于气体的摩尔流量。排出电池的氢的摩尔流量为

$$\dot{N}_{H_2,out} = (S_{H_2} - 1)\dot{N}_{H_2,cons} = (S_{H_2} - 1)\frac{I}{2F} \tag{4.34}$$

根据如下的净迁移系数 r_d 的定义,可计算出流出电池的水的摩尔流量。

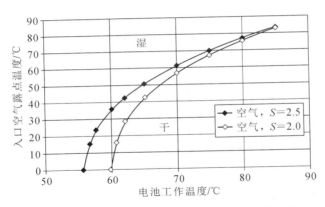

图 4-13　进气温度对进入燃料电池空气的含水量的影响

$$r_d = \frac{\dot{N}_{H_2\,OinH_2\,in} - \dot{N}_{H_2\,OinH_2\,out}}{I/F} \qquad (4.35)$$

净迁移系数是电渗迁移和水反向扩散引起的水量之差。与电渗迁移的定义相同,净迁移系数表示每个质子绑定的水分子数。若净通量是从阳极到阴极,则为正。

对于入口处的干燥氢($\dot{N}_{H_2\,OinH_2\,in} = 0$),会导致:

$$\dot{N}_{H_2\,OinH_2\,out} = -r_d \frac{I}{F} \qquad (4.36)$$

则在阳极出口处,水蒸气和干燥氢的摩尔比为

$$\chi_{H_2\,OinH_2\,out} = \frac{\dot{N}_{H_2\,OinH_2\,out}}{\dot{N}_{H_2,\,out}} = \frac{-r_d \dfrac{I}{F}}{(S_{H_2} - 1) \dfrac{I}{2F}} = \frac{-2r_d}{S_{H_2} - 1} \qquad (4.37)$$

注意,只有当净迁移系数为负,即净通量从阴极到阳极时,阳极出口处的氢中才含水。由此,联立式(4.37)和式(4.21),可计算阳极出口处的水蒸气局部压力:

$$P_{H_2\,OinH_2\,out} = P_{H_2,\,out} \frac{2r_d}{2r_d - (S_{H_2} - 1)} \qquad (4.38)$$

由式(4.38)可知,在阳极出口处压力给定的情况下,露点温度仅取决于电渗流量和净迁移系数。当燃料电池工作在较高压力下,出口处的压力通常固定,以便在燃料电池出口处由前面的方程得到水蒸气的压力值。

在阴极排气处(忽略氮渗透到阳极),稀薄空气的摩尔流量可由下式给出:

$$\dot{N}_{Air,out} = \dot{N}_{Air,in} - \dot{N}_{O_2,cons} = \frac{S_{O_2}}{0.21} \frac{I}{4F} - \frac{I}{4F} = \frac{I}{4F}\left(\frac{S_{O_2}}{0.21} - 1\right) \qquad (4.39)$$

式中:S_{O_2}为阴极侧的电渗流量。

式(4.39)中,假定干燥空气是由79%的氮气和21%的氧气组成,以摩尔浓度为单位。

假定入口空气是干燥的,则从阴极侧排出的水蒸气分子流为

$$\dot{N}_{H_2\,OinAirout} = \dot{N}_{H_2O,gen} - \dot{N}_{H_2\,OinH_2\,out} = \frac{I}{2F} + r_d \frac{I}{F} = \frac{I}{2F}(1 + 2r_d) \qquad (4.40)$$

当 $r_d < 0$ 时,部分生成的水才会在阳极侧积累,因为这表明水分子的净通量是由阴极向阳极移动形成的。

阴极出口处水蒸气和干燥气体的摩尔比为

$$\chi_{\mathrm{H_2\,OinAirout}} = \frac{\dot{N}_{\mathrm{H_2\,OinAirout}}}{\dot{N}_{\mathrm{Air,out}}} = \frac{\dfrac{I}{2F}(1+2r_{\mathrm{d}})}{\dfrac{I}{4F}\Big(\dfrac{S_{\mathrm{O_2}}}{0.21}-1\Big)} = \frac{2(1+2r_{\mathrm{d}})}{\dfrac{S_{\mathrm{O_2}}}{0.21}-1} \tag{4.41}$$

最终,阴极出口处气体中的水蒸气局部压力可通过联立式(4.41)和式(4.21)得到:

$$P_{\mathrm{H_2\,OinAirout}} = P_{\mathrm{Air,out}} \frac{2(1+r_{\mathrm{d}})}{2(1+r_{\mathrm{d}})+\dfrac{S_{\mathrm{O_2}}}{0.21}-1} \tag{4.42}$$

式(4.38)和式(4.42)分别可用于计算阳极侧和阴极侧出口处的水蒸气局部压力,然后利用下式可计算露点温度:

$$\begin{aligned} T_{\mathrm{dew}} = {}& -2.581\times10^{-18}(p_{\mathrm{H_2O}})^4 + 6.4056\times10^{-13}(p_{\mathrm{H_2O}})^3 \\ & -5.8916\times10^{-8}(p_{\mathrm{H_2O}})^2 + 2.8427\times10^{-3}\,p_{\mathrm{H_2O}} + 22.455 \end{aligned} \tag{4.43}$$

式中:$p_{\mathrm{H_2O}}$ 为由式(4.38)或式(4.42)计算得到的水蒸气局部压力,Pa。在 40～90 ℃,式(4.43)能够很好地拟合曲线。

露点温度取决于净迁移系数 r_{d}。然而,当电池采用干燥气体工作时,净迁移系数通常在(−0.1,0)的范围内。露点温度主要取决于工作压力,电池的工作压力增大将导致露点温度升高,由此会增加冷凝和电池浸没的危险。

方程(4.43)可以用图表形式展示,用于构建净迁移系数与电渗流量的关系函数,并分析其对燃料电池阳极和阴极露点温度的影响。露点温度与压力密切相关,因此需针对每个工作压力级别绘制相应的图表。图 4-14 展示了不同工作压力下阳极和阴极的露点温度的实验数据,压力包括环境压力、1.5 bar 和 2.0 bar。

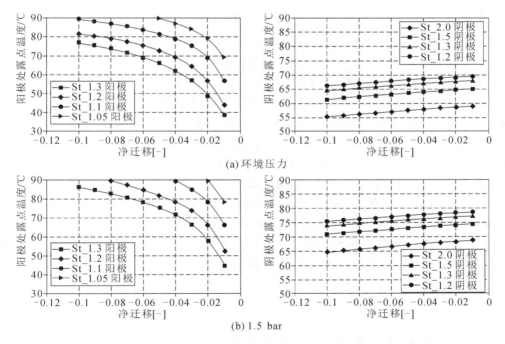

图 4-14　燃料电池入口处采用干燥气体工作,在环境压力、1.5 bar 和
2.0 bar 压力下排气时阳极和阴极处的露点温度

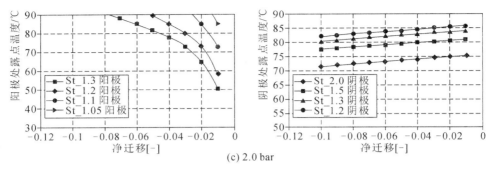

(c) 2.0 bar

续图 4-14

结合对燃料电池排气露点温度的分析和内部过程的建模，Berming 建议燃料电池的理想工作温度应比阴极的冷凝温度高，通常维持在 60～80 ℃，具体取决于压力和化学计量比。燃料电池在高于露点温度 10 ℃ 左右的环境中工作可能会导致膜干燥。在阳极侧，当化学计量比低至 1.05 时，预测的净迁移系数会局限于一个非常窄的范围内，并且与电流密度无关，这有助于确定最佳工作条件。由于阳极侧露点温度对水分子迁移系数 r_d 非常敏感，且在 80 ℃ 以上时迅速上升，因此在逆流模式下操作时，最好将阳极出口作为燃料电池的热端，同时用冷却液在阴极侧逆流，以促进反应更有效地进行。

因此，在给定条件下，采用干燥气体工作是可行的。工作标准是产生的水量足以使得出口气体饱和，即

$$\left[(S_{H_2}-1)+\frac{1}{2}\left(\frac{S_{O_2}}{0.21}-1\right)\right]\frac{p_s(T_{cell})}{P-p_s(T_{cell})}\leqslant 1 \qquad (4.44)$$

式中：$p_s(T_{cell})$ 表示在燃料电池温度为 T_{cell} 下饱和水蒸气的压力。

图 4-15 展示了在 60 ℃ 和 80 ℃ 的电池温度以及 1.5 bar 和 3 bar 的压力下，气体化学计量比临界值的设定。然而，仅满足式（4.44）的条件并不足以防止电池发生局部脱水。Tolj 等指出，即使电池硬件维持在恒定温度，若馈入的周围环境空气未进行增湿处理，在燃料电池内部将观察到类似图 4-16 所示的现象。尽管产生的水分足以增湿排气处的空气，但由于空气在进入电池后被迅速加热，相对湿度可能降至 25% 以下。虽然空气在到达通道末端时完全饱和，但在阴极通道的大部分区域内空气实际上是干燥的。设立一个能够阻止空气快速加热并确保整个通道内相对湿度接近 100% 的温度分布方案，可以避免这一问题，即可以通过用冷却液在阴极侧逆流或者优化电池的散热设计来实现。如果这些措施仍不能完全防止电池内部干燥，那么空气在进入电池前的增湿处理就显得尤为必要。

即使在电池工作温度下氢气和空气达到饱和，阴极和阳极仍可能发生完全脱水，这主要受水的净迁移系数和迁移方向的影响。阳极气体不一定因为有限的正向迁移而脱水，而阴极气体在脱水前可能已经经历了较大的水的反向迁移。在阳极发生脱水之前，可能发生的最大迁移系数通过以下公式计算：

$$r_{d,max}=\frac{1}{2}\frac{p_s(T_{cell})}{P-p_s(T_{cell})} \qquad (4.45)$$

同理，在阴极发生脱水前，最小迁移系数为

$$r_{d,min}=\frac{1}{4}\frac{p_s(T_{cell})}{P-p_s(T_{cell})}-\frac{1}{2} \qquad (4.46)$$

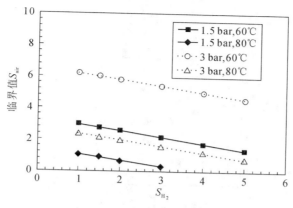

图 4-15　给定氢化学计量比时,满足式(4.44)的空气化学计量比的临界值

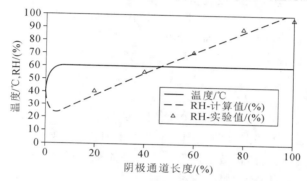

图 4-16　燃料电池工作在 60 ℃且入口处为环境空气时沿阴极通道的温度和相对湿度

4.5　阴极流道模型

阴极质量流模型用于捕捉燃料电池堆阴极内的空气流动行为。该模型基于质量守恒原理及空气的热力学和湿度学性质进行开发,并通过质量连续性原理来平衡阴极内的氧气、氮气和水的质量,如图 4-17 所示。模型参数包括氧气质量 m_{O_2} 和氮气质量 m_{N_2}、电堆电流 I_{st}、电堆温度 T_{st}、跨膜水流量 $\dot{m}_{v,mem}$、回流歧管压力 p_{rm} 及进口流特性,其中进口流特性包括进口温度 $T_{ca,in}$、进口压力 $p_{ca,in}$、阴极入口质量流量 $\dot{m}_{ca,in}$、阴极相对湿度 $\varphi_{ca,in}$ 以及氧气摩尔分数(标准大气压条件下为 0.21)。虽然电堆温度可以通过传热模型来计算,但在此处我们假定它为常数。跨膜的水流量根据水跨膜传递模型(4.7 节)计算。图 4-18 展示了阴极质量流模型。

图 4-17　阴极质量流

在此模型中,我们作了如下几个假设:① 所有气体均为理想气体;② 通过冷却系统的精确控制,燃料电池堆的温度保持在 80 ℃,并在整个电堆中保持恒定;③ 阴极流道内的流

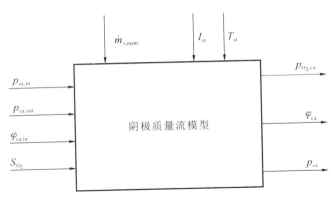

图 4-18　阴极质量流模型

体温度等于电堆温度 T_{st}；④ 从阴极流出的气体的各种参数，如温度 $T_{ca,out}$、压力 $p_{ca,out}$、相对湿度 $\varphi_{ca,out}$ 和氧气摩尔分数 $y_{O_2,ca,out}$ 均与阴极流道内的相应参数相同，即 T_{ca}、p_{ca} 和 $y_{O_2,ca}$（燃料电池氧气利用率往往很低）。上述描述可写为

$$p_{ca,out} = p_{ca} \tag{4.47}$$

$$\varphi_{ca,out} = \varphi_{ca} \tag{4.48}$$

$$y_{O_2,ca,out} = y_{O_2,ca} \tag{4.49}$$

此外，当阴极气体的相对湿度超过 100% 时，水蒸气会凝结成液态水。这些液态水如果不离开电堆，将在阴极气体的湿度降低到 100% 以下时蒸发，或者在阴极中积累。最后，我们还需要将流道和阴极的气体扩散层视为一个统一体积，即忽略空间上的变化。

利用质量连续性原理分析阴极内三种元素——氧气、氮气和水的质量：

$$\frac{dm_{O_2,ca}}{dt} = \dot{m}_{O_2,ca,in} - \dot{m}_{O_2,ca,out} - \dot{m}_{O_2,reacted} \tag{4.50}$$

$$\frac{dm_{N_2,ca}}{dt} = \dot{m}_{N_2,ca,in} - \dot{m}_{N_2,ca,out} \tag{4.51}$$

$$\frac{dm_{w,ca}}{dt} = \dot{m}_{v,ca,in} - \dot{m}_{v,ca,out} + \dot{m}_{v,ca,gen} + \dot{m}_{v,mem} - \dot{m}_{l,ca,out} \tag{4.52}$$

式中：$\dot{m}_{O_2,ca,in}$ 代表进入阴极的氧气的质量流量；$\dot{m}_{O_2,ca,out}$ 代表阴极流道出口处的氧气的质量流量；$\dot{m}_{O_2,reacted}$ 代表电池中氧气参加反应的质量流量；$\dot{m}_{N_2,ca,in}$ 代表进入阴极的氮气的质量流量；$\dot{m}_{N_2,ca,out}$ 代表阴极流道出口处的氮气的质量流量；$\dot{m}_{v,ca,in}$ 代表进入阴极的水蒸气的质量流量；$\dot{m}_{v,ca,out}$ 代表阴极流道出口处的水蒸气的质量流量；$\dot{m}_{v,ca,gen}$ 代表燃料电池反应生成的水的质量流量；$\dot{m}_{v,mem}$ 代表跨膜水的质量流量；$\dot{m}_{l,ca,out}$ 代表离开阴极的液态水的质量流量。

所有 $\dot{m}$ 项的单位为 kg/s。阴极入口流量（带"in"下标）根据入口流条件（模型输入）计算得出。阴极出口质量流量的计算，结合阴极出口气体状态进行。反应中氧气的消耗量和生成的水蒸气量通过电化学原理计算。跨膜水的质量流量根据 4.7 节的模型确定。我们假设离开阴极的液态水的质量流量为零，即 $\dot{m}_{l,ca,out} = 0$。状态方程式（式(4.50)~式(4.52)）中的质量流量项的计算将在下文详细说明。

阴极内的水可以蒸汽或液态形式存在，这取决于阴极气体的饱和状态。气体能够承载的最大水蒸气质量是根据水蒸气饱和压力计算得出的：

$$\dot{m}_{v,max,ca} = \frac{p_{sat} V_{ca}}{R_v T_{st}} \tag{4.53}$$

式中: R_v 是水蒸气的气体常数。如果由式(4.52)计算出的水的质量流量超过水蒸气饱和的质量流量,则多出的部分将被假定为立即凝结成液态水。因此,蒸汽和液态水的质量流量通过下式计算:

$$若 \quad \dot{m}_{w,ca} \leqslant \dot{m}_{v,max,ca} \longrightarrow \dot{m}_{v,ca} = \dot{m}_{w,ca}, \quad \dot{m}_{l,ca} = 0 \tag{4.54}$$

$$若 \quad \dot{m}_{w,ca} > \dot{m}_{v,max,ca} \longrightarrow \dot{m}_{v,ca} = \dot{m}_{v,max,ca}, \quad \dot{m}_{l,ca} = \dot{m}_{w,ca} - \dot{m}_{v,max,ca} \tag{4.55}$$

利用氧气、氮气和水蒸气的质量流量以及电堆的温度,可以计算阴极流道内气体的压力和相对湿度。首先,基于理想气体定律,使用以下公式可以计算阴极流道内氧气、氮气和水蒸气的分压。

氧气分压:

$$p_{O_2,ca} = \frac{m_{O_2,ca} R_{O_2} T_{st}}{V_{ca}} \tag{4.56}$$

氮气分压:

$$p_{N_2,ca} = \frac{m_{N_2,ca} R_{N_2} T_{st}}{V_{ca}} \tag{4.57}$$

水蒸气分压:

$$p_{v,ca} = \frac{m_{v,ca} R_v T_{st}}{V_{ca}} \tag{4.58}$$

式中: R_{O_2}、R_{N_2} 和 R_v 分别为氧气、氮气、水蒸气的气体常数。阴极内干燥气体的气压等于氧气和氮气分压之和:

$$p_{a,ca} = p_{O_2,ca} + p_{N_2,ca} \tag{4.59}$$

阴极总气压为干燥气体气压与水蒸气气压之和:

$$p_{ca} = p_{a,ca} + p_{v,ca} \tag{4.60}$$

氧气摩尔分数取决于氧气分压与干燥气体分压之比:

$$y_{O_2,ca} = \frac{p_{O_2,ca}}{p_{a,ca}} \tag{4.61}$$

阴极气体相对湿度计算公式可参照式(4.22)给出:

$$\varphi_{ca} = \frac{p_{v,ca}}{p_{sat}(T_{st})} \tag{4.62}$$

其中, p_{sat} 可通过式(4.23)计算得到。

可以根据阴极进气流动条件以及热力学性质来计算氧气、氮气和水蒸气的入口质量流量($\dot{m}_{O_2,ca,in}$、$\dot{m}_{N_2,ca,in}$、$\dot{m}_{v,ca,in}$)。饱和压力可利用式(4.23)计算,则阴极入口水蒸气气压为

$$p_{v,ca,in} = \varphi_{ca,in} p_{sat}(T_{ca,in}) \tag{4.63}$$

潮湿空气是干燥空气和水蒸气的混合物,因此干燥空气分压等于阴极总气压和水蒸气分压之差:

$$p_{a,ca,in} = p_{ca,in} - p_{v,ca,in} \tag{4.64}$$

则阴极湿度质量比为

$$x_{ca,in} = \frac{M_v}{M_{a,ca}} \frac{p_{v,ca,in}}{p_{a,ca,in}} \tag{4.65}$$

干燥空气摩尔质量 M_a 计算公式如下:

$$M_{a,ca,in} = y_{O_2,ca,in} \times M_{O_2} + (1 - y_{O_2,ca,in}) \times M_{N_2} \tag{4.66}$$

式中: M_{O_2} 和 M_{N_2} 分别为氧气和氮气的摩尔质量; $y_{O_2,ca,in}$ 通常取 0.21,表示大气中氧的摩尔

分数为 21%。因此,进入阴极的干燥空气质量流量和水蒸气质量流量计算式如下:

$$\dot{m}_{\mathrm{a,ca,in}} = \frac{1}{1 + x_{\mathrm{ca,in}}} \dot{m}_{\mathrm{ca,in}} \tag{4.67}$$

$$\dot{m}_{\mathrm{v,ca,in}} = \dot{m}_{\mathrm{ca,in}} - \dot{m}_{\mathrm{a,ca,in}} \tag{4.68}$$

氧气和氮气的质量流量可根据 $\dot{m}_{\mathrm{a,ca,in}}$ 计算:

$$\dot{m}_{\mathrm{O_2,ca,in}} = x_{\mathrm{O_2,in}} \dot{m}_{\mathrm{a,ca,in}} \tag{4.69}$$

$$\dot{m}_{\mathrm{N_2,ca,in}} = (1 - x_{\mathrm{O_2,ca,in}}) \dot{m}_{\mathrm{a,ca,in}} \tag{4.70}$$

式中:$x_{\mathrm{O_2,ca,in}}$ 代表氧气与干燥空气的质量比,计算公式为

$$x_{\mathrm{O_2,ca,in}} = \frac{y_{\mathrm{O_2,ca,in}} \times M_{\mathrm{O_2}}}{y_{\mathrm{O_2,ca,in}} \times M_{\mathrm{O_2}} + (1 - y_{\mathrm{O_2,ca,in}}) \times M_{\mathrm{N_2}}} \tag{4.71}$$

由式(4.68)~式(4.70)计算获得的质量流量可代入式(4.50)~式(4.52)进行计算。

知道阴极出口的总流量后,可以用类似的方法计算出氧气、氮气和水蒸气在出口的质量流量($\dot{m}_{\mathrm{O_2,ca,out}}$、$\dot{m}_{\mathrm{N_2,ca,out}}$、$\dot{m}_{\mathrm{v,ca,out}}$)。总流量通过简化流量方程来确定:

$$\dot{m}_{\mathrm{ca,out}} = k_{\mathrm{ca,out}}(p_{\mathrm{ca,in}} - p_{\mathrm{ca,out}}) \tag{4.72}$$

式中:$p_{\mathrm{ca,in}}$ 为阴极入口总压力;$p_{\mathrm{ca,out}}$ 为阴极出口总压力,实际应用过程中代表着回流歧管压力(模型输入之一);$k_{\mathrm{ca,out}}$ 为孔口系数。基于式(4.47)~式(4.49),将式(4.72)中的质量流量代入式(4.63)~式(4.71),可计算出阴极出口流的氧气、氮气和水蒸气的质量流量,具体计算公式见式(4.73)~式(4.79)。需要注意的是,与进口流不同,阴极出口流的氧气摩尔分数(用式(4.61)中的 $y_{\mathrm{O_2,ca}}$ 来表示)并非恒定,因为氧气在反应中被消耗。

$$M_{\mathrm{a,ca}} = y_{\mathrm{O_2,ca,out}} \times M_{\mathrm{O_2}} + (1 - y_{\mathrm{O_2,ca,out}}) M_{\mathrm{N_2}} \tag{4.73}$$

$$x_{\mathrm{ca,out}} = \frac{M_{\mathrm{v}}}{M_{\mathrm{a,ca}}} \frac{p_{\mathrm{v,ca,out}}}{p_{\mathrm{a,ca,out}}} \tag{4.74}$$

$$\dot{m}_{\mathrm{a,ca,out}} = \frac{1}{1 + x_{\mathrm{ca,out}}} \dot{m}_{\mathrm{ca,out}} \tag{4.75}$$

$$\dot{m}_{\mathrm{v,ca,out}} = \dot{m}_{\mathrm{ca,out}} - \dot{m}_{\mathrm{a,ca,out}} \tag{4.76}$$

$$x_{\mathrm{O_2,ca,out}} = \frac{y_{\mathrm{O_2,ca,out}} \times M_{\mathrm{O_2}}}{y_{\mathrm{O_2,ca,out}} \times M_{\mathrm{O_2}} + (1 - y_{\mathrm{O_2,ca,out}}) \times M_{\mathrm{N_2}}} \tag{4.77}$$

$$\dot{m}_{\mathrm{O_2,ca,out}} = x_{\mathrm{O_2,ca,out}} \dot{m}_{\mathrm{a,ca,out}} \tag{4.78}$$

$$\dot{m}_{\mathrm{N_2,ca,out}} = (1 - x_{\mathrm{O_2,ca,out}}) \dot{m}_{\mathrm{a,ca,out}} \tag{4.79}$$

在燃料电池的反应中,利用电化学原理来计算氧气消耗和水生成的速率,其中要用到已知量电堆电流(或电流密度)I_{st}。

$$\dot{m}_{\mathrm{O_2,reacted}} = M_{\mathrm{O_2}} \times \frac{nI_{\mathrm{st}}}{4F} \tag{4.80}$$

$$\dot{m}_{\mathrm{v,ca,gen}} = M_{\mathrm{v}} \times \frac{nI_{\mathrm{st}}}{2F} \tag{4.81}$$

式中:n 为电堆中单电池的个数;F 为法拉第常数。利用反应氧气量 $\dot{m}_{\mathrm{O_2,reacted}}$ 和化学计量比 $S_{\mathrm{O_2}}$ 通过式(4.12)计算通入的干燥空气质量流量。

根据这一节的公式建立阴极流道模型,其输入量包括阴极入口相对湿度 $\varphi_{\mathrm{ca,in}}$、阴极入口总压力 $p_{\mathrm{ca,in}}$、化学计量比 $S_{\mathrm{O_2}}$、阴极出口压力 $p_{\mathrm{ca,out}}$、跨膜水传递量 $\dot{m}_{\mathrm{v,mem}}$、电堆电流(或电流密度)I_{st}、电堆温度 T_{st},输出量包括阴极相对湿度 φ_{ca}、阴极氧气分压 $p_{\mathrm{O_2,ca}}$、阴极内部总压

力 p_{ca}，如图 4-18 所示。阴极流道模型整体架构如图 4-19 所示。

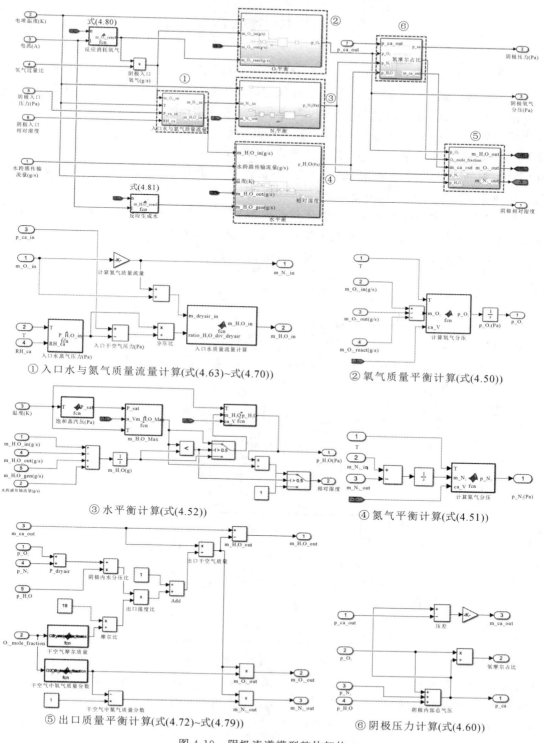

① 入口水与氮气质量流量计算(式(4.63)~式(4.70))

② 氧气质量平衡计算(式(4.50))

③ 水平衡计算(式(4.52))

④ 氮气平衡计算(式(4.51))

⑤ 出口质量平衡计算(式(4.72)~式(4.79))

⑥ 阴极压力计算(式(4.60))

图 4-19　阴极流道模型整体架构

4.6　阳极流道模型

在我们考虑的系统中,氢气被压缩并储存在一个高压氢气罐中。这时我们能够假设阳极进气流量可以通过一个阀门即时调整,以保持最低压差。在模型中,我们假设阳极通道的流动阻力与阴极通道流动阻力相比较小,从而保证压差足够支持氢气的流动(为燃料电池反应提供足够的氢气)。本模型其他假设与阴极流道模型相似:假设流动的温度等于电堆温度;假设阳极出口流动条件(压力、温度和湿度)与阳极通道内的气体条件相同。此外,流道和所有电池的背板层被视为一个整体。与阴极流道模型类似,通过平衡阳极氢气的质量流量和水分来确定氢的分压和阳极流的湿度。

图 4-20 所示为阳极质量流。阳极质量流模型如图 4-21 所示,包括阳极入口(总)质量流量 $\dot{m}_{an,in}$、入口流压力 $p_{an,in}$、气体流相对湿度 $\varphi_{an,in}$、入口流温度 $T_{an,in}$、电堆电流 I_{st}、电堆温度 T_{st} 以及跨膜水流量 $\dot{m}_{v,mem}$ 等。阳极内氢流量和水流量为

$$\frac{dm_{H_2,an}}{dt} = \dot{m}_{H_2,an,in} - \dot{m}_{H_2,an,out} - \dot{m}_{H_2,reacted} \tag{4.82}$$

$$\frac{dm_{w,an}}{dt} = \dot{m}_{v,an,in} - \dot{m}_{v,an,out} - \dot{m}_{v,mem} - \dot{m}_{l,an,out} \tag{4.83}$$

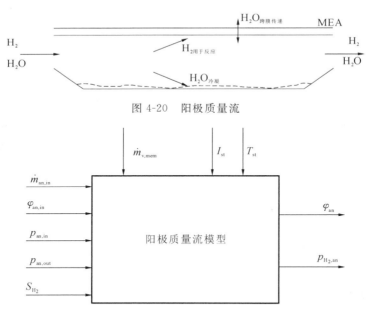

图 4-20　阳极质量流

图 4-21　阳极质量流模型

式中:$\dot{m}_{H_2,an,in}$ 表示氢气进入阳极流道的质量流量;$\dot{m}_{H_2,an,out}$ 表示氢气离开阳极流道的质量流量;$\dot{m}_{H_2,reacted}$ 表示氢气参加反应的质量流量;$\dot{m}_{v,an,in}$ 表示进入阳极流道的水蒸气的质量流量;$\dot{m}_{v,an,out}$ 表示离开阳极流道的水蒸气的质量流量;$\dot{m}_{v,mem}$ 表示通过跨膜传输的水蒸气的质量流量;$\dot{m}_{l,an,out}$ 表示离开阳极流道的液态水的质量流量。

所有 $\dot{m}$ 项的单位为 g/s。如果由式(4.83)所得的水的质量流量超过阳极气体能够容纳的最大的水的质量流量,将形成液态水:

$$若\quad \dot{m}_{\mathrm{w,an}} \leqslant \dot{m}_{\mathrm{v,max,an}} \longrightarrow \dot{m}_{\mathrm{v,an}} = \dot{m}_{\mathrm{w,an}}, \quad \dot{m}_{\mathrm{l,an}} = 0 \tag{4.84}$$

$$若\quad \dot{m}_{\mathrm{w,an}} > \dot{m}_{\mathrm{v,max,an}} \longrightarrow \dot{m}_{\mathrm{v,an}} = \dot{m}_{\mathrm{v,max,an}}, \quad \dot{m}_{\mathrm{l,an}} = \dot{m}_{\mathrm{w,an}} - \dot{m}_{\mathrm{v,max,an}} \tag{4.85}$$

其中，最大蒸汽质量流量 $\dot{m}_{\mathrm{v,max,an}}$ 的计算方法如下：

$$\dot{m}_{\mathrm{v,max,an}} = \frac{p_{\mathrm{sat}} V_{\mathrm{an}}}{R_{\mathrm{v}} T_{\mathrm{st}}} \tag{4.86}$$

计算出的氢气和水蒸气的质量流量可用于确定阳极压力 p_{an}、氢气分压 $p_{\mathrm{H_2}}$ 和阳极气体的相对湿度 φ_{an}。各压力的计算使用理想气体定律。

氢气分压：

$$p_{\mathrm{H_2,an}} = \frac{m_{\mathrm{H_2,an}} R_{\mathrm{H_2}} T_{\mathrm{st}}}{V_{\mathrm{an}}} \tag{4.87}$$

水蒸气分压：

$$p_{\mathrm{v,an}} = \frac{m_{\mathrm{v,an}} R_{\mathrm{v}} T_{\mathrm{st}}}{V_{\mathrm{an}}} \tag{4.88}$$

阳极气体相对湿度参考式(4.22)给出：

$$\varphi_{\mathrm{an}} = \frac{p_{\mathrm{v,an}}}{p_{\mathrm{sat}}(T_{\mathrm{st}})} \tag{4.89}$$

式中：p_{sat} 可通过式(4.23)计算得到。

输入的氢气质量流量 $\dot{m}_{\mathrm{H_2,an,in}}$ 和水蒸气质量流量 $\dot{m}_{\mathrm{v,an,in}}$ 由阳极入口总质量流量 $\dot{m}_{\mathrm{an,in}}$ 和相对湿度 $\varphi_{\mathrm{an,in}}$ 计算得出。水蒸气分压由下式计算：

$$p_{\mathrm{v,an,in}} = \varphi_{\mathrm{an,in}} p_{\mathrm{sat}}(T_{\mathrm{an,in}}) \tag{4.90}$$

氢气分压可由下式计算：

$$p_{\mathrm{H_2,an,in}} = p_{\mathrm{an,in}} - p_{\mathrm{v,an,in}} \tag{4.91}$$

利用式(4.19)和式(4.20)计算阳极湿度质量比：

$$x_{\mathrm{an,in}} = \frac{M_{\mathrm{v}}}{M_{\mathrm{H_2}}} \frac{p_{\mathrm{v,an,in}}}{p_{\mathrm{an,in}}} \tag{4.92}$$

式中：M_{v} 和 $M_{\mathrm{H_2}}$ 分别为水蒸气和氢气的摩尔质量。因此进入阳极的氢气和水蒸气的质量流量为

$$\dot{m}_{\mathrm{H_2,an,in}} = \frac{1}{1 + x_{\mathrm{an,in}}} \dot{m}_{\mathrm{an,in}} \tag{4.93}$$

$$\dot{m}_{\mathrm{v,an,in}} = \dot{m}_{\mathrm{an,in}} - \dot{m}_{\mathrm{H_2,an,in}} \tag{4.94}$$

综上，看似求解过程有些烦琐，但是燃料供给系统(供氢系统)的供给压力为可观测量，氢气反应量 $\dot{m}_{\mathrm{H_2,reacted}}$ 可利用反应电流根据式(4.5)计算得到，并根据化学计量比 $S_{\mathrm{H_2}}$ 计算阳极通入的氢气的质量流量。

阳极出口流量 $\dot{m}_{\mathrm{an,out}}$ 代表的是从阳极排出的气体，目的是清除积累在阳极的液态水和其他气体(如果使用了重整氢气)。对于当前系统，我们假设没有气体排放。然而，如果知道排放率，那么出口的氢气和蒸汽的质量流量可以通过以下公式计算：

$$x_{\mathrm{an,out}} = \frac{M_{\mathrm{v}}}{M_{\mathrm{H_2}}} \frac{p_{\mathrm{v,an,out}}}{p_{\mathrm{H_2,an,out}}} \tag{4.95}$$

$$\dot{m}_{\mathrm{H_2,an,out}} = \frac{1}{1 + x_{\mathrm{an,out}}} \dot{m}_{\mathrm{an,out}} \tag{4.96}$$

$$\dot{m}_{\mathrm{v,an,out}} = \dot{m}_{\mathrm{an,out}} - \dot{m}_{\mathrm{H_2,an,out}} \tag{4.97}$$

式中:阳极出口总质量流量 $\dot{m}_{an,out}$ 是利用简化的流量方程计算得到的,其是一个关于入口压力和出口压力的函数,靠两者的差值驱动:

$$\dot{m}_{an,out} = k_{an,out}(p_{an,in} - p_{an,out}) \tag{4.98}$$

式中:$k_{an,out}$ 为孔口系数,是一个关键参数,它取决于流道的几何形状、粗糙度及流体的物理性质等因素。在实际应用中,孔口系数往往需要通过实验测定或根据特定条件下的经验数据来确定。这个系数反映了流动的阻力和流道的效率。

根据这一节的公式建立阳极流道模型,其输入量包括阳极入口总质量流量 $\dot{m}_{an,in}$、阳极入口相对湿度 $\varphi_{an,in}$、阳极入口总压力 $p_{an,in}$、阳极入口温度 $T_{an,in}$、化学计量比 S_{H_2}、阳极出口压力 $p_{an,out}$、跨膜水传递质量流量 $\dot{m}_{v,mem}$、电堆电流(或电流密度)I_{st}、电堆温度 T_{st},输出量为阳极相对湿度 φ_{an}、阳极氢气分压 $p_{H_2,an}$,如图 4-21 所示。阳极流道模型整体架构如图 4-22 所示。

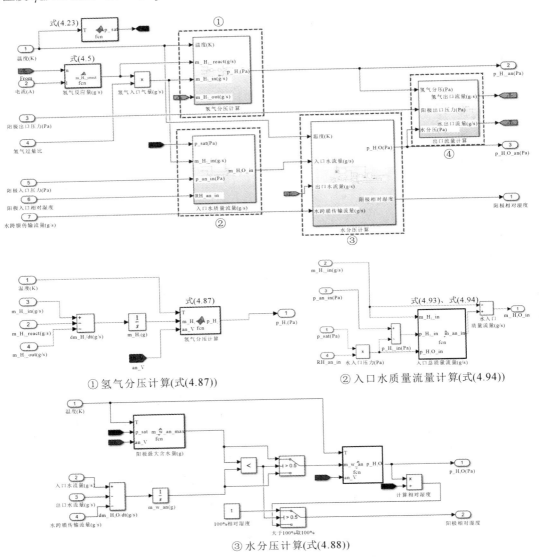

图 4-22　阳极流道模型整体架构

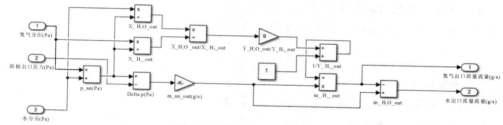

④ 出口质量流量计算(式(4.96)、式(4.97))

续图 4-22

4.7　水跨膜传递模型

水跨膜传递模型用于计算膜中的水含量以及水通过膜的质量流动速率。假设水含量和质量流动速率在膜的表面上是均匀的。膜中的水含量和水通过膜的质量流动速率取决于电堆电流、阳极和阴极流道内的相对湿度(见图 4-23)。阳极和阴极流道的相对湿度分别为阴极流道模型和阳极流道模型的输出变量。

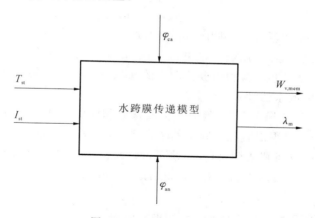

图 4-23　水跨膜传递模型

水跨膜传递主要有以下两种形式。

(1) 水分子被氢质子从阳极拖曳到阴极,这一现象称为电渗透拖曳。被运输的水量由电渗透拖曳系数 n_d 表示,该系数定义为每个质子携带的水分子数。

$$N_{v,osmotic} = n_d \frac{i}{F} \tag{4.99}$$

式中:$N_{v,osmotic}$ 是由电渗透拖曳引起的从阳极到阴极的净流量,$mol/(s \cdot cm^2)$;i 是电堆电流密度,A/cm^2;F 是法拉第常数。

(2) 在连续的空间分布中,由于阳极和阴极流动中湿度的差异,膜上存在水浓度的梯度。这种水浓度梯度反过来导致水从阴极向阳极的"反向扩散"。其可以由下式计算:

$$N_{v,diff} = D_w \frac{dc_v}{dy} \tag{4.100}$$

式中:$N_{v,diff}$ 是水因为反向扩散从阴极到阳极的净流量,$mol/(s \cdot cm^2)$;c_v 是水浓度,mol/cm^3;y 是垂直于膜的方向上的距离,cm;D_w 是膜中水的扩散系数,cm^2/s。

　　将这两种水的传输方式结合起来,并假设膜厚度方向上的水浓度梯度为线性的,膜上的水流量可以表示(假设正值方向为从阳极指向阴极)为

$$N_{v,mem} = n_d \frac{i}{F} - D_w \frac{(c_{v,ca} - c_{v,an})}{t_m} \tag{4.101}$$

式中:t_m 是膜的厚度,cm。

　　对于特定的膜,电渗透拖曳系数 n_d 和扩散系数 D_w 随膜中的水含量而变化,这取决于膜旁边气体中的水含量。由于式(4.101)提供了单个燃料电池单位面积上的水流量(单位为 mol/(s·cm²)),膜上的总堆积质量流率 $W_{v,mem}$ 可以由下式计算得出:

$$W_{v,mem} = N_{v,mem} M_v A_{fc} n \tag{4.102}$$

式中:M_v 表示水蒸气摩尔质量;A_{fc} 表示燃料电池活性面积,cm²;n 表示电堆中燃料电池单元个数。

　　可以用阳极流和阴极流中的水含量的平均值来表示膜的水含量。将阳极流中的水含量作为膜的水含量是更为保守的方法,因为膜在阳极侧的水含量倾向于更低。这是因为在高电流密度下,由电渗透拖曳从阳极到阴极的水的传输超过了从阴极到阳极的水的反向扩散。膜的水含量,以及相应的电渗透拖曳系数和扩散系数,可以通过计算阳极和阴极的水活性来确定:

$$a_i = \frac{y_{v,i} p_i}{p_{sat,i}} = \frac{p_{v,i}}{p_{sat,i}} \tag{4.103}$$

上式中:在气体情况下,水活性 a_i 相当于相对湿度 φ_i(下标 i 可取 an 和 ca,an 表示阳极,ca 表示阴极);$y_{v,i}$ 是蒸汽的摩尔分数;p_i 是总流动压力;$p_{sat,i}$ 是蒸汽饱和压力;$p_{v,i}$ 是水蒸气的分压。阳极流动中的水浓度 $c_{v,an}$ 和阴极流动中的水浓度 $c_{v,ca}$ 也分别依赖于阳极流动中的水活性 a_{an} 和阴极流动中的水活性 a_{ca}。

　　下面介绍计算电渗透拖曳系数、膜的水扩散系数和膜的水浓度的方程。这些方程已在 Nafion N117 膜中用实验得以验证。膜中的水含量 λ_i,定义为水分子数与电荷位点数的比,是根据水活性 a_i(下标 i 可代表阳极(an)、阴极(ca)或膜(m))计算得出的:

$$\lambda_i = \begin{cases} 0.043 + 17.81 a_i - 39.85 a_i^2 + 36.0 a_i^3, & 0 < a_i \leqslant 1 \\ 14 + 14(a_i - 1), & 1 < a_i \leqslant 3 \end{cases} \tag{4.104}$$

　　膜的水活性可由阴极和阳极的水活性的平均值表示:

$$a_m = \frac{a_{ca} + a_{an}}{2} \tag{4.105}$$

　　膜的平均水含量 λ_m 依据方程(4.104)计算,使用的是阳极和阴极水活性的平均值 a_m。λ_m 的值用来代表膜中的水含量。然后,利用膜的水含量 λ_m 计算电渗透拖曳系数 n_d 和水的扩散系数 D_w。

$$n_d = 0.0029 \lambda_m^2 + 0.05 \lambda_m - 3.4 \times 10^{-19} \tag{4.106}$$

$$D_w = D_\lambda \exp\left[2416 \left(\frac{1}{303} - \frac{1}{T_{fc}} \right) \right] \tag{4.107}$$

式中

$$D_\lambda = \begin{cases} 10^{-6}, & \lambda_m < 2 \\ 10^{-6}[1 + 2(\lambda_m - 2)], & 2 \leqslant \lambda_m < 3 \\ 10^{-6}[3 - 1.67(\lambda_m - 2)], & 3 < \lambda_m < 4.5 \\ 1.25 \times 10^{-6}, & \lambda_m \geqslant 4.5 \end{cases} \tag{4.108}$$

式(4.107)中,T_{fc}(在本书模型中等于 T_{st})是燃料电池的温度,以开尔文(K)为单位。

式(4.101)中使用的阳极和阴极膜表面的水浓度,是膜水含量的函数。

$$c_{v,an} = \frac{\rho_{m,dry}}{M_{m,dry}}\lambda_{an} \tag{4.109}$$

$$c_{v,ca} = \frac{\rho_{m,dry}}{M_{m,dry}}\lambda_{ca} \tag{4.110}$$

式中:$\rho_{m,dry}$ 是膜的干燥密度,kg/cm^3;$M_{m,dry}$ 是膜的干燥当量质量,kg/mol。

图 4-24 为水跨膜传递模型整体架构。将水跨膜传递模型与电堆电压、阴极流道模型和阳极流道模型整合在一起,形成燃料电池堆模型。再将本章描述的燃料电池堆模型与第 3 章描述的辅助模型结合,形成燃料电池反应物供应系统动态模型。

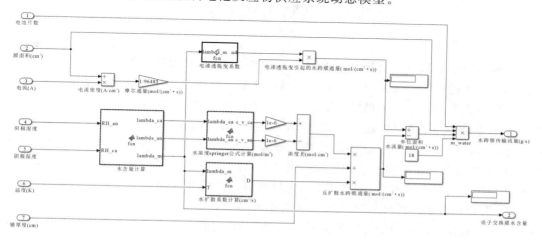

图 4-24 水跨膜传递模型整体架构

第5章 质子交换膜燃料电池热力学

5.1 燃料电池热产生

正如本书第2章所讨论的,当有电流从电池中流出时,燃料电池的工作电压(E)低于开路时的最大可能电压。这是因为只有部分燃料的能量可以作为用于转换的吉布斯能量,其余的则作为损失的能量。氢燃料电池反应产生的能量是氢氧化的焓变 ΔH,转换为电能的最大可用能量是吉布斯自由能的变化,表示为 $\Delta G = \Delta H - T\Delta S$。差值($-T\Delta S$)是由于熵变而以热量形式释放的能量。这种热量释放称为可逆发热,用 Q_{rev} 表示。此外,由于活化损失、浓度损失以及离子和电子流的欧姆损失等不可逆性损失,一部分可用能量也会损失掉。由于这些损失具有不可逆性,这部分能量在燃料电池内转化为热量。这部分热量称为不可逆发热,用 Q_{irrev} 表示。这种热量导致燃料电池内部的温度分布不均匀,并影响电池的运行条件。为了确保燃料电池的连续等温运行,必须不断地散去这些废热。估算燃料电池中产生的废热,对于确定冷却要求、设计适当的冷却系统以及考虑热管理系统以提高燃料电池发电系统的整体效率非常重要。在本节中,我们主要关注在稳态燃料电池运行期间发热量的估计。

对于给定的氢气供应速率(n_f),其中一部分氢气参与电化学反应(参与反应的氢气的量用 ϕ_f 表示),产生电力与副产品水和热能。剩余部分的氢气可能发生化学反应生成水,也可能发生副化学反应生成其他产物,从而产生额外的热能。我们可以将燃料分子的消耗分为以下两种情况:

(1) 电化学反应的燃料消耗,即 $n_f\phi_f$;

(2) 参加副产物反应的燃料消耗,即 $(1-\phi_f)n_f$。

这些反应中的每一项都会在燃料电池中产生热量。简单起见,可以假设产生其他产物的副反应对燃料分子的消耗可以忽略不计。

首先考虑电化学反应所产生的热量,由于电化学反应引起的可逆热是以生成焓形式提供的能量和可用于电工作的能量的差值,因此,吉布斯自由能的变化可以估计如下:

$$Q_{rev} = \phi_f n_f (\Delta G - \Delta H) \tag{5.1}$$

使用热力学关系方程,我们还可以用熵变来表示这种可逆的热量:

$$Q_{rev} = \phi_f n_f (-T\Delta S) \tag{5.2}$$

我们通常会通过电流这一可测量的量代替氢气供应速率,其转化的表达式为 $n_f = \dfrac{1}{n_e F}$,则式(5.2)可改写为

$$Q_{rev} = \phi_f \frac{1}{n_e F}(-T\Delta S) \tag{5.3}$$

用这一公式可以计算半极反应的熵变以确认阴极与阳极的发热。这在以燃料电池电堆为主的控制中意义不大,因为在电堆中燃料电池为串联状态,在数十片电池中精细计算的单电极的不同发热量可以很快通过传热耗散。但在冷启动的数值仿真模拟中计算单电极的发热量就比较重要,我们需要更多关注发热量较低的部分。

导致热量产生的其他主要因素是电化学反应的不可逆性,以及由离子和电子通过燃料电池组件的阻力引起的不可逆电压降。当燃料电池工作电压 V_c 小于可逆电压 E_{rev} 时,由这些不可逆性以及相关的电功损失而产生的热量表示为

$$Q_{gen,irrev} = n_e F(E_{rev} - V_c)\phi_f \tag{5.4}$$

式中:E_{rev} 是可逆开路电位;V_c 是实际的电池电压。

同样地,我们使用电流替代氢气供应速率,可得到:

$$Q_{gen,irrev} = I(E_{rev} - V_c)\phi_f \tag{5.5}$$

若我们假设工作电压与可逆电压的主要偏差是由燃料电池组件对电子和离子传输的阻力引起的不可逆电压降,其表示为 $E_{rev} - V_c \approx \eta_{ohm} = IR_c$,那么我们可以将不可逆电压降产生的热量表示为

$$Q_{gen,ohm} = I\eta_{ohm}\phi_f = I^2 R_c \phi_f \tag{5.6}$$

同样地,若是主要考虑活化过电位,则其可表示为

$$Q_{gen,act} = I\eta_{lact}\phi_f \tag{5.7}$$

综上所述,由燃料电池的电化学反应部分产生的总热量为

$$Q_{elec\text{-}gen} = \phi_f[n_f(-T\Delta S) + I(E_{rev} - V_c)] \tag{5.8}$$

若采用欧姆压降或者活化过电位以近似表示不可逆压降,而后考虑非电化学反应所产生的热量(这一项代表在直接化学反应中发生的反应是完全不可逆的,且产生热量和水或不同的产物),则由这些反应项引起的热产生率为

$$Q_{elec\text{-}gen} = (1 - \phi_f)(-\Delta H_{cr})n_f \tag{5.9}$$

式中:ΔH_{cr} 是该化学反应的生成焓。

5.2　燃料电池热传递

上面我们讨论了燃料电池热量的产生,接下来我们将简化燃料电池的模型,讨论燃料电池的热传递过程,我们将燃料电池的热传递过程简化,如图 5-1 所示。

传热有三种基本模式:热传导、热对流和热辐射。在燃料电池中传热以热传导和热对流为主,热辐射占比很小,在本书中我们忽略不计。

(1) 热传导　这种模式对于固体(如电极和膜)中的传热以及多孔膜中固定流体(如电解质和液体)中的传热非常重要。图 5-2 展示了在代表固体或静止流体层的平面板中通过传导进行的热传递。热传导速率方程受傅里叶定律控制,该定律表示每单位面积的热流率或热通量为

$$\vec{q} = -\left(\kappa \frac{dT}{dx}\right) \tag{5.10}$$

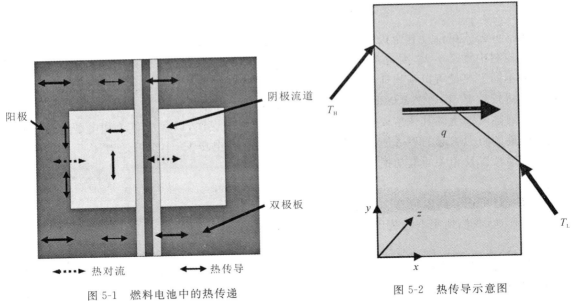

图 5-1　燃料电池中的热传递

图 5-2　热传导示意图

在笛卡儿坐标系中热通量矢量写为

$$\vec{q} = -\left(\hat{i}k_x \frac{\partial T}{\partial x} + \hat{j}k_y \frac{\partial T}{\partial y} + \hat{k}k_z \frac{\partial T}{\partial z}\right) \tag{5.11}$$

（2）热对流　对流传热是指通过流体运动和分子运动或扩散相结合的方式，实现能量的热传递现象。这种现象通常发生在流体和固体表面之间。我们考虑一个流体经过温度为 T_s 的固体表面的情况，如图 5-3 所示。流体的上游温度和速度为 T_∞ 和 U_∞，由于黏性或受无滑移条件的影响，形成了一个薄的流体层，称为流体动力学边界层，其内部速度从固体表面的速度 U 变化到外部流速 U_∞。类似地，热边界层也会形成，其中流体的温度从固体表面的温度 T_s 变化到外部流体的温度 T_∞。

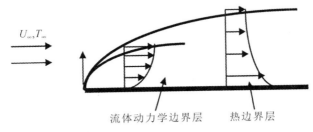

图 5-3　固体表面流动的流体动力学边界层和热边界层

对于内部流动，热边界层从顶部和底部表面发展，并发展为两个区域——热入口长度和热完全发展区域，如图 5-4 所示，类似于流体动力学内部流动。其中，热入口长度是指无量纲温度曲线完全显现所需的长度；热完全发展区域是指无量纲温度分布沿通道的纵向长度保持不变的区域。

对于热入口长度，我们一般遵循以下准则：

$$\frac{L_{e,th}}{D} \approx 0.06\, Re_D \tag{5.12}$$

式中：$L_{e,th}$ 为热入口长度；D 为通道直径；Re_D 为雷诺数。

由于流体在固体表面是静止的，因此根据分子运动或扩散，热量通过传导向垂直于表面

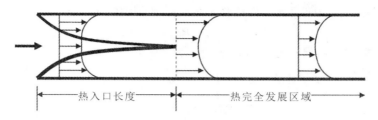

图 5-4 热入口长度和热完全发展区域

的静止流体层传递,用傅里叶方程表示为

$$q''_s = - k_f \frac{\partial T}{\partial y}\Big|_{y=0} \tag{5.13}$$

式中:k_f 为液体导热率;q''_s 为热通量。

为了确定对流的传热率,需要知道热边界层中的温度分布。温度分布取决于流体运动或速度场的性质,所以我们需要通过求解能量方程以及特定流动几何形状的流场的质量和动量方程来确定其性质。根据流场的性质,对流传热可以分为强制对流、自由对流(或自然对流)和相变传热(如冷凝和沸腾)。在强制对流中,流场是由泵、风扇或风等外力驱动的。而对于自由对流或自然对流,流动是由自然力引起的,例如浮力或马兰戈尼力。在强制对流和自由对流中,被传递的能量以流体的显能形式存在。而在相变传热中,能量传递以流体的潜热形式进行,流场则由于蒸汽泡的形成(如沸腾传热)或蒸汽在固体表面上的冷凝(如冷凝传热)而形成。

无论对流传热模式如何,总体效应都是由牛顿冷却定律控制的对流速率方程给出的。该方程表示为

$$q''_c = h_c (T_s - T_\infty) \tag{5.14}$$

式中:h_c 为对流传热系数;q''_c 为对流热通量;T_s 为流体表面温度;T_∞ 为远离流体表面温度。

联立式(5.13)和式(5.14),我们可以得到对流传热系数计算式,它是由流体导热率、温度梯度和温度差来确定的:

$$h_c = \frac{- k_f \frac{\partial T}{\partial y}\Big|_{y=0}}{T_s - T_\infty} \tag{5.15}$$

对流传热系数取决于多个因素,如表面几何形状、流场以及流体的热物理性质和传输性质。为了确定对流传热系数和对流热通量,需要求解温度分布的能量方程以及速度场的运动方程。对于各种流动条件,对流传热系数通过相关性导出。对于强制对流,这些相关性可表示为

$$Nu = f(Re, Pr) \tag{5.16}$$

式中:Nu 表示努塞尔数;Re 表示雷诺数;Pr 表示普朗特数。其表达式为

$$\begin{cases} Nu = \dfrac{h_c L}{k} \\[2mm] Re = \dfrac{\rho U L}{\mu} \\[2mm] Pr = \dfrac{c_p \mu}{k} \end{cases} \tag{5.17}$$

式中:L 和 U 分别表示问题中的特征长度和速度。

对于自由对流,传热相关性以格拉晓夫数(Gr)和普朗特数(Pr)表示:

$$Nu = f(Gr,Pr) = f(Ra) \tag{5.18}$$

式中:格拉晓夫数(Gr)和瑞利数(Ra)的表达式为

$$Gr = \frac{g\beta(T_s - T_\infty)L^3}{v^2} \tag{5.19}$$

$$Ra = Gr \times Pr \tag{5.20}$$

为了简化计算,许多传热问题采用这些相关性作为对流边界条件,而不是求解完整的流场和对流传热微分方程组。

对于水动力和热完全发展流动,传热系数和摩擦系数是常数,因为在热完全发展区域内速度和无量纲温度分布沿通道长度不变。对于热入口长度解,假设速度场已完全发展,温度场正在发展,有学者给出了适用于表面温度恒定的条件或者 $Pr \geqslant 5$ 下,速度场发展速度比温度场快时的公式:

$$Nu = 3.66 + \left[\frac{0.0668Re \cdot Pr \cdot \dfrac{L}{D}}{1 + 0.04\left(Re \cdot Pr \cdot \dfrac{L}{D}\right)^{\frac{2}{3}}} \right] \tag{5.21}$$

对于速度场和温度场都在发展的情况,传热相关性适用于普朗特数较低($Pr < 5$)的气体时的公式为

$$Nu = 1.86 \left(\frac{Re \cdot Pr \cdot \dfrac{L}{D}}{\dfrac{\mu}{\mu_s}} \right)^{\frac{1}{3}} \tag{5.22}$$

为了估算燃料电池不同部位的传热率,需要确定介质中由于热生成和热边界条件而形成的温度分布或温度场。温度场通过求解热方程来确定,该方程是对能量守恒或热力学第一定律的描述。

基于以下假设,适用于许多对流问题的简化热模型由能量守恒方程导出:

① 导热系数 k 恒定;

② 黏性耗散 Φ 可忽略;

③ 可压缩性效应可忽略;

④ 辐射传热率可忽略。

该模型的能量方程为

$$\rho c_p \frac{\partial T}{\partial t} + \mathbf{V} \cdot \nabla T = \nabla(k\,\nabla T) + Q \tag{5.23}$$

式中:ρ 为流体密度;c_p 为定压比热容;$\mathbf{V}$ 为流体速度向量;∇T 为温度梯度;$\nabla(k\,\nabla T)$ 为热传导项;Q 为内热源项。上式在笛卡儿坐标系中表示为

$$\rho c_p \frac{\partial T}{\partial t} + u\frac{\partial T}{\partial x} + v\frac{\partial T}{\partial y} + w\frac{\partial T}{\partial z} = \frac{\partial}{\partial x}\left(k\frac{\partial T}{\partial x}\right) + \frac{\partial}{\partial y}\left(k\frac{\partial T}{\partial y}\right) + \frac{\partial}{\partial z}\left(k\frac{\partial T}{\partial z}\right) + Q \tag{5.24}$$

式中:Q 是体积热生成速率。

我们可以将此公式运用于燃料电池的各部分中,在阳极和阴极气体流道中的热方程涉及对流和传导传热模式,无热生成,用方程表示为

$$\rho c_{p,i} \frac{\partial T}{\partial t} + u_i\frac{\partial T}{\partial x} + v_i\frac{\partial T}{\partial y} + w_i\frac{\partial T}{\partial z} = \frac{\partial}{\partial x}\left(k_i\frac{\partial T}{\partial x}\right) + \frac{\partial}{\partial y}\left(k_i\frac{\partial T}{\partial y}\right) + \frac{\partial}{\partial z}\left(k_i\frac{\partial T}{\partial z}\right) \tag{5.25}$$

式中:速度分量 u_i、v_i、w_i 由纳维-斯托克斯方程(N-S 方程)求得。

对于多孔电极-气体扩散层,热方程主要涉及由电子流引起的电极欧姆加热而产生的热量,以及传导和对流的热传递,用热方程表示为

$$\rho c_{p,i}\frac{\partial T}{\partial t} + u_i\frac{\partial T}{\partial x} + v_i\frac{\partial T}{\partial y} + w_i\frac{\partial T}{\partial z} = \frac{\partial}{\partial x}\left(k_i\frac{\partial T}{\partial x}\right) + \frac{\partial}{\partial y}\left(k_i\frac{\partial T}{\partial y}\right) + \frac{\partial}{\partial z}\left(k_i\frac{\partial T}{\partial z}\right) + Q_i$$

(5.26)

式中:速度分量 u_i、v_i 和 w_i 由达西定律或 Brinkman 方程求得;Q_i 表示由电子流引起的电极欧姆加热而产生的热量。

对于固体电解质膜,热方程涉及欧姆热生成和传导散热,表示为

$$\rho c_{p,e}\frac{\partial T}{\partial t} = \frac{\partial}{\partial x}\left(k_e\frac{\partial T}{\partial x}\right) + \frac{\partial}{\partial y}\left(k_e\frac{\partial T}{\partial y}\right) + \frac{\partial}{\partial z}\left(k_e\frac{\partial T}{\partial z}\right) + Q_e$$

(5.27)

式中:Q_e 表示电解质膜中由离子迁移引起的欧姆加热而产生的热量。

接下来我们考虑边界条件和通道入口条件。

(1)边界条件:在所有绝热或对称表面使用零净热通量条件,此条件表示为

$$n \cdot q = 0$$

(5.28)

其中

$$q = -k\,\nabla T + uc_p T$$

(5.29)

在通道和气体扩散层界面处,应用连续性条件:

$$n \cdot (q_1 - q_2) = 0$$

(5.30)

其中

$$q_i = -k_i\,\nabla T_i + T_i c_p u$$

(5.31)

在电极-膜界面使用热通量不连续条件:

$$-n \cdot (q_1 - q_2) = Q_s$$

(5.32)

式中:Q_s 是膜与电极界面处的表面生成热,由可逆和不可逆电化学反应分量引起。

(2)通道入口条件:很显然气流入口温度即为气体温度。

图 5-5 所示为一个具有相邻气流通道的三层燃料电池的典型温度分布。

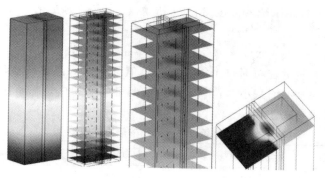

图 5-5　一个具有相邻气流通道的三层燃料电池的典型温度分布情况

从图 5-5 和图 5-6 中可以看出,三层燃料电池中生成的热量通过电极和电解质的三层导热以及通过相邻反应气流的对流散热形式传递。还可以看出,电池中的温度从入口到出口部分逐渐升高,表明气流在带走电池中生成的热量方面是有效的;由于温度差和入口长度效应,阳极和阴极气流在入口部分更有效地将热量从电池中带走。随着电流密度的增加,电

池平均温度水平也趋向于升高,在这种情况下,需要更有效的冷却系统以使电池的操作温度保持在理想水平。

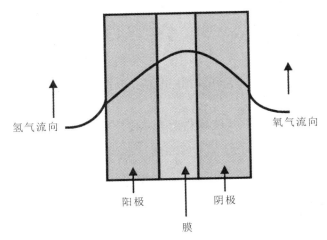

图 5-6　在给定截面处电极-气体扩散层、膜和气体通道中的典型温度分布

5.3　温度对燃料电池的影响

温度对吉布斯自由能和可逆电压的影响由以下方程给出:

$$\Delta G_f = \Delta h_f - T\Delta S_f \tag{5.33}$$

$$E_{rev} = -\frac{\Delta G_f}{nF} \tag{5.34}$$

如我们所见,温度不仅对吉布斯自由能有直接影响,还通过形成焓和熵随温度的功能性变化间接影响吉布斯自由能。查表可确定氢氧燃料电池在 $273\sim1473$ K 范围内形成的焓、熵和吉布斯自由能以及可逆电池电压,结果列于表 5-1 中,并绘制成图 5-7。

表 5-1 中的数据显示了随着温度升高,反应焓和反应熵的变化。可根据以下方程估算吉布斯函数的变化:

$$\Delta \overline{G_f} = (\overline{G_f})_{H_2O} - (\overline{G_f})_{H_2} - (\overline{G_f})_{O_2} \tag{5.35}$$

表 5-1 中的结果显示吉布斯自由能始终为负值且其绝对值在减小。因此,燃料电池的可逆功也随着温度的升高而减小。这与卡诺热机的可逆功和热效率随着高温热源温度的升高而增加的情况形成对比。

表 5-1　氢氧燃料电池的热力学数据

开氏温度/K	摄氏温度/℃	反应焓/(kJ/mol)	反应熵/(J/(mol·K))	吉布斯自由能/(J/mol)	电压/V
273	0	−286.623	−166.174	−241260	1.2513
283	10	−286.301	−164.966	−239620	1.2428
293	20	−285.979	−163.83	−237980	1.2343
298	25	−285.819	−163.283	−237160	1.2301
303	30	−285.659	−162.748	−236350	1.2259

续表

开氏温度/K	摄氏温度/℃	反应焓/(kJ/mol)	反应熵/(J/(mol·K))	吉布斯自由能/(J/mol)	电压/V
313	40	−285.341	−161.709	−234730	1.2175
323	50	−285.026	−160.707	−233120	1.2091
333	60	−284.713	−159.741	−231520	1.2008
343	70	−284.401	−158.809	−229930	1.1926
353	80	−284.089	−157.908	−228350	1.1844
363	90	−283.773	−157.033	−226770	1.1762
373	100	−283.452	−156.172	−225200	1.168
473	200	−243.586	−49.0335	−220390	1.1431
573	300	−244.553	−50.8943	−215390	1.1172
673	400	−245.452	−52.3414	−210230	1.0904
773	500	−246.277	−53.479	−204940	1.063
873	600	−247.026	−54.387	−199550	1.035
973	700	−247.698	−55.1215	−194060	1.0066
1073	800	−248.284	−55.7155	−188500	0.9777
1173	900	−248.76	−56.1796	−182860	0.9485
1273	1000	−249.078	−56.5022	−177150	0.9189
1373	1100	−249.157	−56.6503	−171380	0.8889
1473	1200	−248.88	−56.5701	−165550	0.8587

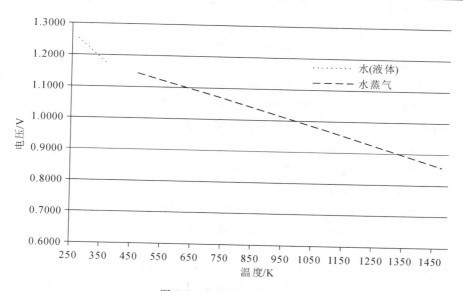

图 5-7　电压随温度的变化

　　例如,在使用氢气和氧气作为反应物产生水蒸气的氢燃料电池中,随着温度升高,反应的吉布斯自由能变化减小,因此燃料电池的最大输出功也减小。尽管这些理想计算表明电池较低的操作温度会导致较高的可逆电压,但实际上某些燃料电池(如固体氧化物燃料电池(SOFC))的电压损失在较高温度下由于离子电导率的增加而减小。因此,实际上,这些类型燃料电池的操作电压通常在较高的操作温度下更高。

　　在温度过高时,还会出现其他的问题,举例如下。

　　(1)膜的脱水和降解。

　　在质子交换膜燃料电池中,质子交换膜(通常是 Nafion 膜)在电池中的作用至关重要,它不仅负责质子的传导,还充当燃料和氧化剂之间的隔离屏障。然而,高温运行条件下,这种膜会出现脱水现象,脱水会产生如下影响:

　　① 影响导电性。质子交换膜的导电性依赖于其水合状态,水分子的存在有助于质子的传递。而高温条件下,膜中的水分会迅速蒸发,导致膜脱水。脱水后膜的导电性显著下降,因为质子的迁移需要水分的介导,水合状态的质子交换膜表现出较高的质子导电性。

　　② 机械强度降低。水分的流失不仅影响导电性,还会改变膜的机械性质。脱水后的质子交换膜会变得脆弱,容易出现裂纹和破损,从而影响电池的整体结构稳定性。

　　③ 整体性能下降。导电性和机械强度的下降直接导致燃料电池性能的降低。电流密度、输出电压和效率都会受到显著影响,最终影响 PEMFC 的运行稳定性和使用寿命。

　　(2)催化剂烧结和劣化。

　　催化剂是燃料电池电极反应的核心,常用的催化剂为铂或铂合金。这些催化剂在高温条件下容易出现烧结和劣化现象。

　　① 烧结:在高温下,催化剂颗粒会发生烧结,即小颗粒聚集形成大颗粒。烧结减小了催化剂的活性表面积,使得能够参与电化学反应的表面区域减少。这直接降低了催化剂的有效性,使得电池的电化学反应速率降低。

　　② 劣化:高温还可能导致催化剂发生化学劣化,例如氧化或与电解质材料发生不良反应。这种化学劣化会进一步降低催化剂的活性,导致燃料电池效率下降。

　　随着催化剂的烧结和劣化,电池的电流密度和输出电压会下降,反应活性降低,电池性能减弱。长期运行下,这种效应会显著缩短燃料电池的使用寿命。

　　(3)热应力和膨胀。

　　高温运行时,燃料电池的各个部件(如电解质膜、双极板、电极等)会因热膨胀而产生应力。这些热应力和热膨胀对材料和系统的稳定性有显著影响。

　　① 热应力:由于不同材料的热膨胀系数不同,高温下各部件的膨胀程度不同,导致热应力的产生。热应力累积到一定程度后,会使得材料发生塑性变形甚至破裂。例如,PEMFC中的质子交换膜和催化层之间可能因热应力而脱层,导致电池内阻增加和性能下降。

　　② 热膨胀:长期的热膨胀和收缩循环会导致材料疲劳。热循环过程中,材料会经历膨胀和收缩的反复变化,逐渐积累疲劳应力,最终可能导致材料破损或开裂。尤其是固体氧化物燃料电池(SOFC)和熔融碳酸盐燃料电池(MCFC),在高温运行环境下,这种热疲劳现象更为明显。

　　热应力和热膨胀不仅影响单个部件,还可能导致整个系统的不稳定。燃料电池系统中的管道、连接件和密封件在热应力作用下可能出现泄漏或破损,影响燃料供应和电池密封性,导致系统性能下降。

5.4 燃料电池冷启动

5.4.1 燃料电池冷启动的定义

燃料电池冷启动是指质子交换膜燃料电池在低于 0 ℃的环境下成功启动并运行至正常工作温度的过程。根据《质子交换膜燃料电池发电系统低温特性测试方法》(GB/T 33979—2017)中的定义,冷启动是燃料电池系统从 0 ℃以下的冷态达到输出额定功率 90%的过程。2020 年 9 月发布的《燃料电池汽车城市群示范目标和积分评价体系》,明确了将−30 ℃的冷启动作为燃料电池系统技术的硬性门槛及关键指标之一。而美国能源部设定的目标是燃料电池动力系统在辅助加热的情况下能在−40 ℃的环境中快速启动,同时确保质子交换膜在低温下具有良好的导电性。

5.4.2 燃料电池冷启动难点

燃料电池在冷启动过程中面临诸多挑战,具体如下。

(1)冰堵现象。

在极寒条件下,电化学反应生成的水会因低温而冻结,导致催化层(CL)、气体扩散层(GDL)和流道中出现冰堵现象。具体而言,冻结的水会阻塞燃料电池的反应通道,使得反应气体无法有效传输。这种阻塞不仅覆盖了催化剂的活性表面,还阻碍了反应气体到达反应界面,导致燃料电池无法启动。这种情况会导致燃料电池的反应效率大大降低,甚至彻底无法启动。

(2)体积膨胀和物理应力。

水在结冰时体积膨胀,会对燃料电池内部施加有害压力。具体来说,这种压力会导致电池内部结构的物理应力增加,可能会引起膜结构和催化层的起层和开裂。这种物理损伤会造成一系列负面后果,例如催化层内部孔隙的坍塌和致密化,以及铂粒子的团聚与粗化,从而影响燃料电池的长期性能和使用寿命。这种损伤一旦发生,往往是不可逆的,严重时可能导致燃料电池失效或带伤工作,增加燃烧风险。

(3)电化学反应速率降低。

低温环境下,电化学反应速率显著降低。由于反应速率降低,生成的热量不足以使燃料电池温度升至 0 ℃以上。这将导致反应产物水结冰覆盖在催化层表面,进一步降低反应速率和阻碍热量产生,形成恶性循环。具体来说,低温使得反应产物水无法以气态排出,而是以固态冰的形式沉积,覆盖在催化层表面,减少活性位点的数量,从而进一步降低反应效率。长此以往,燃料电池冷启动彻底失败。

(4)内部结构受损。

冻结的水对燃料电池内部的微观结构也有负面影响。水结冰后的体积膨胀可能会导致催化层(CL)和质子交换膜(PEM)的微观结构发生变化。例如,催化层内部的孔隙可能会坍塌或致密化,质子交换膜可能会因机械应力而开裂。这些结构损伤会显著降低燃料电池的性能和耐久性。此外,冰的形成还会导致铂粒子的团聚和粗化,降低催化剂的活性和效率。

（5）系统稳定性和安全性问题。

冷启动失败会导致燃料电池系统的不稳定和不安全问题。未能成功冷启动的燃料电池会积累过多的水和冰，增加系统内部压力，可能引发安全隐患。例如，过高的内部压力可能导致燃料电池结构的破裂，甚至引发泄漏或爆炸风险。

5.4.3 燃料电池冷启动方法

在燃料电池冷启动方面，研究者们提出了多种策略。这些策略大体上可以分为被动冷启动和主动冷启动两大类，如表 5-2 所示。

表 5-2 冷启动方法对比

冷启动模式		具体方法	优点	缺点
被动冷启动		恒流模式	散热性能好，散热器体积小	价格高
		恒压模式	易于控制，能量损耗低	热量产生率低
		恒功率模式	燃油效率高，产热速度快	易失败
		最大功率模式	启动速度快	策略复杂
主动冷启动	吹扫	除去残留水	启动性能高	对膜电极组件（MEA）存在机械压力
	加热	反应物气体加热	能耗低	产热效果差
		冷却液加热	快速、均匀、高效、热源多样	能耗高，加热时间长
		外部燃烧	冷启动快	体积和质量较大

1. 被动冷启动策略

被动冷启动策略主要依赖燃料电池自身的反应热量来达到启动所需的温度。这种策略的优点在于不需要额外的设备和能量，但其缺点是启动时间较长且启动过程易受环境条件的影响。

常见的被动冷启动策略有恒流模式、恒压模式、恒功率模式、最大功率模式。

恒流模式是指在燃料电池冷启动过程中，通过恒定电流进行启动。其优点在于散热性能好，所需散热器体积小。恒流模式通过维持稳定的电流输出，逐步提高电池内部温度，直至达到能够维持稳定反应的温度水平。

恒压模式通过保持恒定电压来实现冷启动。此方法易于控制，能量损耗较低。在恒压模式下，系统通过调节电流以维持固定的电压，从而逐步提升燃料电池的温度。这种模式设计简单，操作方便，但热量产生率低，启动时间较长。在极寒环境中，采用该模式的燃料电池可能需要较长的时间才能启动成功。

在恒功率模式下，燃料电池在固定功率输出下进行冷启动。该方法具有较高的燃油效率，能够快速产生热量。在这种模式下，系统通过调节电流和电压来保持固定的功率输出，使电池迅速达到所需的启动温度。恒功率模式的优点是启动时间短，适合快速响应需求，但其策略复杂，需要精密控制，容易启动失败，需要准确的控制算法。

最大功率模式是通过提供最大输出功率来实现快速启动。其优势在于启动速度快，能够迅速提高内部温度。然而，这种模式的策略复杂，对系统的稳定性要求高，适合紧急启动，但容易引发故障。

2. 主动冷启动策略

主动冷启动策略通过外部手段加热燃料电池或排除内部水分,以提高电池启动成功率。这种策略的优点在于启动时间短,成功率高,但需要额外的设备和能量。主动冷启动策略有吹扫策略和加热策略。

（1）吹扫策略利用高压气体吹扫燃料电池内部,去除残留的水分。这种方法能够显著提高启动性能,但会对膜电极组件施加机械压力,可能会导致电池损伤。吹扫策略可有效去除残留水分,提高启动性能,适合应急启动,但需要额外的气体供应设备。

（2）加热策略包括反应物气体加热、冷却液加热和外部燃烧三种方法。

① 反应物气体加热:通过加热进入燃料电池的反应气体来提高启动温度。该方法能耗低,适合能量有限的场合,设备简单,易于实现,但产热效果有限,启动时间较长,并且对环境温度依赖性强。

② 冷却液加热:通过加热冷却液来快速、均匀地提高燃料电池温度。此方法技术成熟,热源多样,适应性强,加热速度快,温度均匀,但能耗高,需要额外的能量供应,加热时间较长,需提前预热。

③ 外部燃烧:利用外部燃烧器快速加热燃料电池,实现快速启动,适用于极端低温环境。外部燃烧器虽然加热效果显著,但体积和质量较大,不适合空间受限的应用场景,系统复杂,需额外的燃烧设备。

5.4.4　燃料电池冷启动优化策略

为应对燃料电池冷启动的挑战,研究者们提出了多种优化策略。这些策略不仅涵盖了材料创新和结构设计,还包括系统控制和预处理措施的优化。以下是基于最新研究成果的一些主要优化策略。

（1）材料优化。

质子交换膜在低温下的导电性能对燃料电池冷启动至关重要。研究表明,使用含有抗冻剂的改性质子交换膜可以提高其低温环境下的导电性和机械强度,即通过在质子交换膜中掺入抗冻添加剂,使其在低温下的质子电导率显著提高,从而增强燃料电池的冷启动性能。目前常见的方法是增加氟化物的含量。

催化剂的性能直接影响冷启动效率。低温下,常规催化剂的活性显著下降。采用纳米级铂基催化剂或合金催化剂,可以提高催化剂在低温下的活性。研究发现,铂钯合金催化剂在 $-20\ ℃$ 的电化学活性较高。这种合金催化剂在低温下能够带来更高的反应速率,从而提高燃料电池的冷启动效率,但是其由于价格较高,目前推广还有困难。

（2）结构优化。

气体扩散层在燃料电池的水管理和气体传输中起关键作用。调整气体扩散层的孔隙结构和材料组成,可以改善其在低温下的水管理能力,减少冰堵现象。例如,研究表明,使用具有高亲水性和高疏水性材料的复合气体扩散层,能够显著提高水的排出效率,减少冰堵现象的发生。这种复合材料在低温条件下依然能够保持良好的透气性和排水性,从而提高燃料电池的冷启动性能。

流道设计对燃料电池内部的气体流动和热传导有重要影响。优化流道的几何结构和排列方式,可以提高气体传输效率和热管理效果。有学者设计了一种具有高传热效率的螺旋形流道结构,这一优化设计显著改善了燃料电池内部的温度均匀性,使得冷启动过程更加顺畅。

（3）控制策略优化。

智能控制系统能够实时监测和调节燃料电池的运行状态，优化冷启动过程。引入人工智能和机器学习算法，可以根据环境条件和运行状态动态调整启动参数，提高冷启动效率和安全性。有学者使用 MPC（模型预测控制）算法，通过提前预测启动过程中的潜在问题，动态调整控制策略，确保燃料电池能够安全启动。这一控制策略在多个实验中展示了其提升冷启动效率的能力。

分阶段启动策略是指根据燃料电池的不同启动阶段，采用不同的控制方法和参数，即初始阶段采用低功率预热，中间阶段提高功率加速升温，最后阶段稳定输出功率，逐步提高燃料电池的温度。研究表明，这种分阶段启动策略能够有效避免骤然升温导致的结构损伤和冰堵现象，并成功减少了启动时间和降低了能源消耗。

在研究和开发燃料电池的过程中，理解和预测其在不同操作条件下的性能是至关重要的。燃料电池的操作性能受到多种因素的影响，包括内部压力、湿度以及质子和气体的传输动力学。因此，精确的动力学模型对于优化燃料电池设计和提高其效率具有重要意义。

第6章　燃料电池系统建模与设计

系统定义为多个单元、对象或物品的组合，它们共同形成一个整体，并协同工作。在燃料电池的应用中，系统包括使燃料电池组正常工作并提供电流所需的所有组件。燃料电池组是整个燃料电池系统的核心部分。然而，如果没有配套的辅助设备，单独的电池组也无法发挥其应有的作用。燃料电池系统通常包含以下几个子系统：

① 氧化剂供应（氧或空气）系统；

② 燃料供应（氢或富氢气体）系统；

③ 热处理系统；

④ 水处理系统；

⑤ 功率调节系统；

⑥ 仪表和控制装置系统。

根据已有或选定的燃料和氧化剂，燃料电池系统可分为如下类型：

① 氢/氧供应系统；

② 氢/空气供应系统；

③ 重整气/空气系统。

6.1　氢/氧供应系统建模与设计

因为技术难度、氧存储量的增加及其相关安全问题，纯氢/氧系统通常仅应用于无法获取空气的应用领域，如潜艇和太空领域。

6.1.1　氧供应

一般情况下，存储的纯氧都处于高压状态，因此向燃料电池供应的氧需要用压力调节器来降低压力。提供的氧应超过按化学计量比所需量，通常化学计量比为 1.2~1.3（即超过20%~30%），原因是从电池中排除所产生的水需要过量的氧。过量的氧可在燃料电池的出口处排放，但大多数实际系统都是在闭环结构中工作，其过量的氧又返回到电池组入口处。此时需要一个主动装置（泵）或被动装置（喷射器）来将气体从压力较低的电池组出口处引入压力较高的入口处。排出的液态水可用一个简单的水/气分离器进行分离，分离后的饱和热气返回前端，与来自氧气罐的干燥气体混合，以在入口处得到期望湿度。纯氧供应闭环系统如图 6-1 所示。

由于来自氧气罐的氧完全干燥，因此电池组入口处的水量等于出口处的水蒸气量。这也意味着，电池组出口处分离出的液态水量等于电池组产生的水加上从阳极经过膜的所有

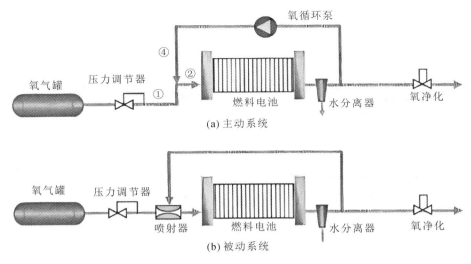

(a) 主动系统

(b) 被动系统

图 6-1　纯氧供应闭环系统

净水传输量,质量平衡方程为

$$\dot{m}_{H_2O,in(v)} + \dot{m}_{H_2O,in(l)} = \dot{m}_{H_2O,out(v)} \tag{6.1}$$

式中:下标 in 和 out 分别表示燃料电池组的入口和出口;下标 v 和 l 分别表示气态和液态;$\dot{m}_{H_2O,in(v)}$ 为电池组入口处的水蒸气质量流量,见式(6.2);$\dot{m}_{H_2O,out(v)}$ 为电池组出口处的水蒸气质量流量,见式(6.3)。

$$\dot{m}_{H_2O,in(v)} = \min\left\{ \frac{IN_{cell}}{4F}M_{H_2O}S_{O_2}\ \frac{p_{sat}(t_{in})}{p_{out} - p_{sat}(t_{in})}, \dot{m}_{H_2O,out(v)} \right\} \tag{6.2}$$

$$\dot{m}_{H_2O,out(v)} = \frac{IN_{cell}}{4F}M_{H_2O}(S_{O_2} - 1)\ \frac{p_{sat}(t_{out})}{p_{out} - p_{sat}(t_{out})} \tag{6.3}$$

式中:I 表示燃料电池的电流;N_{cell} 表示燃料电池组的电池单元数。

水是气态还是液态取决于电池组入口处的压力和温度,并不是所有的水都是以蒸汽形式存在。电池组入口处的液态水量 $\dot{m}_{H_2O,in(l)}$ 可由式(6.1)计算。然而,电池组入口处的温度 t_{in} 未知且必须根据能量平衡确定。纯氧供应系统中,两流(下标数字与图 6-1 中相对应)混合的能量平衡方程为

$$H_1 + H_4 = H_2 \tag{6.4}$$

式中:H_1 为来自氧气罐的焓,见式(6.5);H_4 为电池组出口处水蒸气和氧的焓,见式(6.6);H_2 为混合物的焓,即电池组入口处的氧和水蒸气的焓,见式(6.7)。

$$H_1 = \frac{IN_{cell}}{4F}M_{O_2}c_{p,O_2}t_{tank} \tag{6.5}$$

$$H_4 = \frac{IN_{cell}}{4F}(S_{O_2} - 1)\left[M_{O_2}c_{p,O_2}t_{st,out} + M_{H_2O}\ \frac{p_{sat}(t_{st,out})}{p_{out} - p_{sat}(t_{st,out})} \times (c_{p,H_2O(v)}t_{st,out} + h_{fg}^0) \right] \tag{6.6}$$

$$H_2 = \frac{IN_{cell}}{4F}S_{O_2}M_{O_2}c_{p,O_2}t_{st,in} + \dot{m}_{H_2O,in(v)}(c_{p,H_2O(v)}t_{st,in} + h_{fg}^0) + \dot{m}_{H_2O,in(l)}c_{p,H_2O(v)}t_{st,in} \tag{6.7}$$

采用图 6-1 所示系统时出口处氧的温度与入口处氧的温度关系如图 6-2 所示。来自氧气罐的氧假定为 20 ℃ 且干燥。值得注意的是,对于饱和线之上的点,电池组入口处的氧过

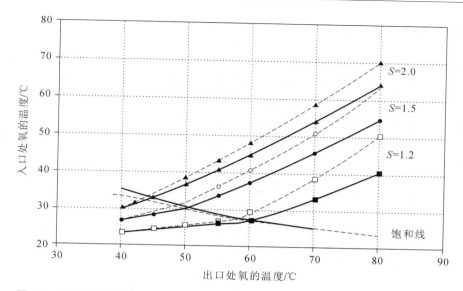

图 6-2　出口处的氧重新循环到电池入口处的温度（虚线为大气压，实际为 300 kPa）

饱和，即包含液态水，而在饱和线之下则欠饱和。不论哪种情况，入口处氧的温度都低于电池组的工作温度。

　　如果这种简单的加湿方案不够有效，则必须利用电池组出口处采集的液态水和电池组发出的热来进行氧的主动加湿（见图 6-3）。这种方式可使得氧在接近电池组工作温度时达到水饱和。有时，也可利用电池组的热量在电池组的分离部分来实现加湿。

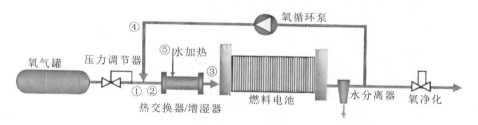

图 6-3　具有增湿器的氧供应闭环系统

增湿器中需要增加的水量可根据质量平衡进行计算：

$$\dot{m}_{\mathrm{H_2O,in}} = \frac{I N_{\mathrm{cell}}}{4F} M_{\mathrm{H_2O}} \left[S_{\mathrm{O_2}} \frac{\varphi p_{\mathrm{sat}}(t_{\mathrm{in}})}{p_{\mathrm{in}} - \varphi p_{\mathrm{sat}}(t_{\mathrm{in}})} - (S_{\mathrm{O_2}} - 1) \frac{p_{\mathrm{sat}}(t_{\mathrm{out}})}{p_{\mathrm{out}} - p_{\mathrm{sat}}(t_{\mathrm{out}})} \right] \quad (6.8)$$

　　为确保燃料电池入口处所有的水均以水蒸气形式存在，所需的热量可根据能量平衡进行计算（下标数字与图 6-3 中相对应）：

$$H_{\mathrm{in}} = H_3 - H_1 - H_4 - H_5 \quad (6.9)$$

式中：H_3 为电池组入口处氧和水蒸气的焓，见式（6.10）；H_1 为来自氧气罐的氧的焓，见式（6.5）；H_4 为电池组出口处的氧和水蒸气的焓，见式（6.6）；H_5 为增湿器增加的液态水的焓，见式（6.11）。

$$H_3 = \frac{I N_{\mathrm{cell}}}{4F} S_{\mathrm{O_2}} \left[M_{\mathrm{O_2}} c_{\mathrm{p,O_2}} t_{\mathrm{st,in}} + M_{\mathrm{H_2O}} \frac{\varphi p_{\mathrm{sat}}(t_{\mathrm{st,in}})}{p_{\mathrm{out}} - \varphi p_{\mathrm{sat}}(t_{\mathrm{st,in}})} \times (c_{\mathrm{p,H_2O(v)}} t_{\mathrm{st,in}} + h_{\mathrm{lg}}^0) \right]$$

$$(6.10)$$

$$H_5 = \dot{m}_{\mathrm{H_2O,in}} c_{\mathrm{p,H_2O}} t_{\mathrm{w}} \quad (6.11)$$

6.1.2　氢供应

质子交换膜燃料电池的燃料是氢。氢是宇宙中最轻且最丰富的元素,然而在地球上,氢并非以分子形式存在,而是存在于许多化合物中,如水、碳氢化合物。因此,氢并不是一种能量源,而是一种必须产生的合成燃料。对于燃料电池系统,氢可随处产生并作为系统的一部分存储,或者氢的生成也可以是燃料电池系统的一部分。包含氢存储的系统通常更加简单且高效,但氢存储需要大量空间,即使氢被压缩到极高的压力甚至液化时。表6-1给出了氢的一些物理特性。

表 6-1　氢的物理特性

特性	单位	值
分子量	kg/kmol(g/mol)	2.016
密度	kg/m³(g/L)	0.0898
高热值	MJ/kg	141.9
	MJ/m³	10.05
低热值	MJ/kg	119.9
	MJ/m³	10.05
沸点温度	K	20.3
液态密度	kg/m³	70.8
临界温度	K	32.94
临界压力	bar	12.84
临界密度	kg/m³	31.40
自燃温度	K	858
空气中的可燃极限体积百分比	%	4～75
空气混合物的化学计量体积百分比	%	29.53
空气中的火焰温度	K	2318
扩散系数	m²/s	0.61
比热容	kJ/(kg·K)或J/(g·K)	14.29(常温常压)

氢气通常存储在高压气瓶中,存储压力一般为200～450 bar,有报道称压力甚至可达690 bar。表6-2显示了在不同压力下存储1 kg氢所需的体积(1 kg氢与1加仑汽油的能量相当)。对大多数应用而言,将氢气存储在传统气瓶(压力约为150 bar)中并不实际,因为这会导致系统的整体质量过高。目前,针对主要用于电动汽车中氢气的存储,已开发出一种由复合纤维和环氧树脂包裹的轻质铝制罐体,这种新型罐体允许氢气的存储密度最高达到5%(按质量计)。但当考虑到罐体的支撑结构、阀门以及压力调节器等后,实际的存储密度通常为3%～4%。罐体的容积不一,一般为30～40 L,可在350 bar的压力下存储1.3～

1.5 kg的氢气。在汽车应用中,通常采用 350 bar 和 700 bar 两种压力标准。

表 6-2　20 ℃下 1 kg 氢在不同压力下的体积

压力/MPa	体积/L
0.1013	11934.0
100	128.7
200	68.4
300	48.4
350	42.7
450	34.9
700	25.7

还有一种存储氢的方法是将其以液态形式储存。在 20.3K(-252.85 ℃)的温度下,氢气可以保持液态。这种方法能够存储相对较大量的氢气,是一种常见的存储方式。BMW公司已经研发并展示了适用于汽车的小型液态氢罐。这些罐子的存储效率可以达到14.2%的质量比,大约需要 22 L 的容积来存储 1 kg 的氢。这些液态氢罐必须特别设计并进行完全的绝缘处理,以尽可能减少氢气的蒸发。为了将液态氢转换为燃料电池所需的气态氢,还需要使用一种相对简单的蒸发器。

另一种存储氢的方法是固态储氢。氢气可以与某些金属(如镁、钛铁合金、锰、镍、铬)及其他元素的合金形成金属氢化物。这种方法中,氢原子被嵌入金属的格子结构内,因此能实现比压缩氢(35~50 L 存储 1 kg 的氢)更高的存储密度。不过,由于金属本身相对较重,氢的存储效率通常为 1.0%~1.4%(按质量计)。虽然有报道称某些金属氢化物可以达到更高的存储效率,但这些通常是高温金属氧化物(高于 100 ℃),因此不适用于低温质子交换膜燃料电池。释放金属氢化物中的氢需要热量,这可以由燃料电池产生的废热来提供。同时固态储氢也被认为是最安全的储氢方式。

目前已提出多种存储氢的化学方法,并且一些方法已经过实践证明,如氨、甲醇、乙醇、氢化锂、氢化钠、硼氢化钠、硼氢化锂、乙硼烷、氢化钙等。这些方法虽然由于大多数为液态形式并提供相对较高的氢存储效率(对于乙硼烷,按质量计高达 21%)而极具吸引力,但是都需要对应的反应器来制氢。除此之外,这些储氢物质部分存在毒性,可能会造成严重的中毒事故。

当氢气从储罐中释放后,向燃料电池供氢的一种简单方法是采用末端封闭模式,如图6-4(a)所示。这种系统只需一个预设的压力调节器,以降低氢到燃料电池的压力。长期采用末端封闭模式运行,必须使用极其纯净的气体,包括氢和氧。任何氢气中的杂质最终都会积聚在燃料电池的阳极处,包括可能存在的水蒸气,特别是当反向扩散速率高于电渗迁移速率时,此时电解质膜非常薄且电流密度较低。此外,惰性气体和其他杂质可能会从空气侧向氢侧扩散,直到浓度达到平衡。为了消除这些惰性气体和杂质的积聚,需要对氢气进行净化,如图 6-4(b)所示。这种净化操作可以根据电池电压或运行时间来调节。

如果氢净化不可行或考虑安全、质量平衡、系统效率等因素,可采用被动装置(喷射器)或主动装置(泵或压缩机),采用过量的氢流过电池组($S>1$),且未用完的氢返回到入口,见图 6-5。在这种情况下,最为重要的是分离并采集可能存在于阳极出口处的液态水。需要回收的液态水量取决于工作条件和膜的特性。对于较薄的膜,反向扩散速率可能高于电渗迁移速率,使得一些反应产生的水从阳极侧流出电池组。

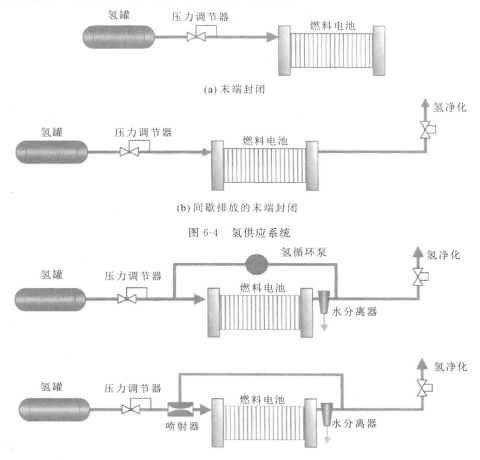

图 6-4　氢供应系统

图 6-5　具有泵(上图)和喷射器(下图)的氢供应闭环系统

　　氢通常必须在进入燃料电池组之前增湿到 100% 的相对湿度,以避免电渗迁移造成膜干燥。在此情况下,电池组入口处需要一个增湿器/热交换器,见图 6-6。氢可通过注入水并同时或随后加热以促进水的蒸发,或通过允许水/热交换的膜来增湿。

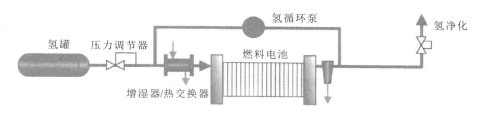

图 6-6　具有增湿器/热交换器的氢供应闭环系统

6.1.3　水/热处理

　　除了向燃料电池组提供反应物外,燃料电池系统还必须考虑燃料电池的副产物:水和热。在燃料电池工作中,水发挥着重要作用。正如第 4 章中所述,水对于聚合物膜中的质子传输必不可少。鉴于此,阴极和阳极反应物原则上在进入燃料电池组之前都必须增湿。而在燃料电池出口处,必须采集水以重新利用。

在闭环系统中,系统反应会产生水分。两种反应气体都是干燥的,在进入系统前被增湿,而生成的液态水则被收集在一个容器中。在水被分离后,未被消耗的气体会从出口处被循环送回系统的入口。因此,储水容器的大小需足以存储所生成的水。对于整个系统(包括氢气和氧气的储存罐),总质量保持不变,即储存的氢气和氧气都转换成了水。随着时间的推移,容器中水的质量增加,而氢气和氧气的质量相应减少。这些水可以用于反应物增湿或电池组冷却。利用散热器或热交换器(具体取决于应用情况),系统中的热量可以被释放。图 6-7 展示了一个氢气/氧气闭环系统的示例。

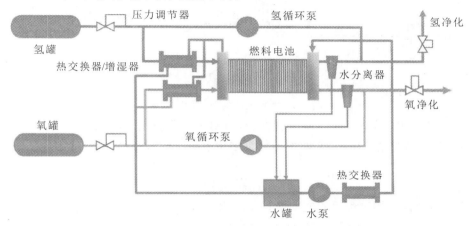

图 6-7　氢氧燃料电池闭环系统示例

6.2　氢/空气供应系统建模与设计

对于大多数地面系统,直接利用空气中的氧作为燃料电池系统的一部分更切合实际。空气中的氧气体积比为 20.95%。氧的这种稀释会造成燃料电池电压的一定损耗(约为 50 mV)。另外由于氧和近乎 4 倍的氮必须以某种方式的泵输送到燃料电池,故会造成输出功率和效率的损耗。

6.2.1　空气供应

在氢/空气供应系统中,空气由一个风扇或鼓风机(对于低压系统)或空气压缩机(对于高压系统)提供。对于低压系统,燃料电池的排气管直接接入环境(见图 6-8(a));而对于高压系统,需要通过一个预设压力调节器来维持压力(见图 6-8(b))。

在任何情况下,需要电力驱动的电机来运行风扇、鼓风机或压缩机,因此系统具有功率损耗或寄生负载。空气可以等温压缩或绝热压缩,前者意味着需要一个无限缓慢的过程以实现与环境温度的平衡;后者则完全相反,过程很快以至于在压缩期间与环境没有热交换。这更接近实际,压缩速度很快以至于不允许与环境进行热交换。

从压力 P_1 到压力 P_2 进行空气绝热压缩所需的理想功率为

$$W_{\text{comp,ideal}} = \dot{m}_{\text{Airin}} c_{\text{p}} T_1 \left[\left(\frac{P_2}{P_1} \right)^{\frac{k-1}{k}} - 1 \right] \tag{6.12}$$

式中:$\dot{m}_{\text{Airin}}$ 为空气流量,g/s;c_{p} 为比热容,J/(g·K);T_1 为压缩前的温度,K;P_2 为压缩后的

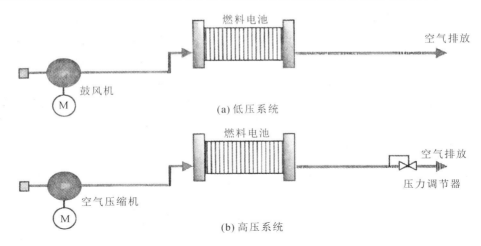

(a) 低压系统

(b) 高压系统

图 6-8　燃料电池的空气供应系统

压力,Pa;P_1 为压缩前的压力,Pa;k 为比热容比(对于双原子气体,$k=1.4$)。

　　然而,理想情况是无压缩,实际上需要更多功率参与压缩过程,可表示为

$$W_{comp} = \frac{\dot{m}_{Airin} c_p T_1}{\eta_{comp}} \left[\left(\frac{P_2}{P_1} \right)^{\frac{k-1}{k}} - 1 \right] \tag{6.13}$$

式中:W_{comp} 为加入压缩过程后的电功率;η_{comp} 为加入压缩过程后的效率。

　　根据能量平衡,可以计算压缩结束时的温度:

$$T_2 = T_1 + \frac{T_1}{\eta_{comp}} \left[\left(\frac{P_2}{P_1} \right)^{\frac{k-1}{k}} - 1 \right] \tag{6.14}$$

　　压缩所需的实际电功率甚至大于由式(6.13)得到的 W_{comp},这是由额外的机械损失和较低的电气效率造成的:

$$W_{EM} = \frac{W_{comp}}{\eta_{mech} \eta_{EM}} \tag{6.15}$$

式中:W_{EM} 为所需的实际电功率;η_{mech} 为机械效率,表示机械传动系统的效率;η_{EM} 为电气效率,表示电机的电气效率。

　　在较高压力(高于 150 kPa)下,压缩机的电机会消耗燃料电池大部分的输出功率,这不仅取决于压缩机效率,还取决于化学计量比 S 和电池工作电压 V,如图 6-9 所示。

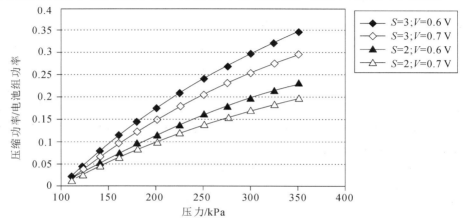

图 6-9　压缩机输出气压与功率关系图(入口为大气压,20 ℃,压缩机效率为 70%)

净输出功率 W_{net} 为燃料电池输出功率 W_{FC} 减去传递到辅机系统的功率 W_{aux}，其中包括压缩机或鼓风机。

$$W_{net} = W_{FC} - W_{aux} \tag{6.16}$$

因此，系统净效率为

$$\eta_{sys} = \eta_{FC} \frac{W_{net}}{W_{FC}} = \eta_{FC}(1 - \xi_{aux}) \tag{6.17}$$

式中：ξ_{aux} 为辅机功率（也称为寄生损耗）和燃料电池输出功率之比，即 W_{aux}/W_{FC}。

为了获得更高的输出功率，燃料电池需要工作在较高的工作压力下，然而考虑到辅机的压缩功率时，在较高压力情况下，可能会造成更高的寄生损耗，进而减小输出功率。

例 6-1　假设有一个能够工作在 300 kPa 或 170 kPa（入口压力）下且氧化学计量比为 2 的燃料电池组，请计算两种压力下的净输出功率和净效率。假定电流密度为 800 mA/cm²。

解　根据第 2 章中极化曲线图可知，在 300 kPa 下，燃料电池的电压为 0.66 V。

产生的功率密度为

$$0.8 \times 0.66 \text{ W/cm}^2 = 0.528 \text{ W/cm}^2$$

空气流量为

$$\dot{m}_{Airin} = \frac{S_{O_2}}{r_{O_2}} \frac{M_{Air}}{4F} i = \frac{2}{0.2144} \times \frac{29}{4 \times 96485} \times 0.8 \text{ g/(s·cm}^2) = 5.608 \times 10^{-4} \text{ g/(s·cm}^2)$$

压缩机功率为

$$W_{comp} = \frac{\dot{m}_{Airin} c_p T_1}{\eta_{comp}} \left[\left(\frac{P_2}{P_1} \right)^{\frac{k-1}{k}} - 1 \right]$$

$$= \frac{5.608 \times 10^{-4} \times 1 \times 293}{0.7} \times \left[\left(\frac{300}{101.3} \right)^{\frac{1.4-1}{1.4}} - 1 \right] \text{ W/cm}^2 = 0.0854 \text{ W/cm}^2$$

净功率密度：

$$(0.528 - 0.0854) \text{ W/cm}^2 = 0.4426 \text{ W/cm}^2$$

系统效率为

$$\frac{0.66}{1.482} \times \left(1 - \frac{0.0854}{0.528} \right) = 0.37$$

同理，在 170 kPa 的条件下，通过计算可得：电池电势为 0.6 V，功率密度为 0.480 W/cm²，压缩机功率为 0.040 W/cm²，净功率密度为 $(0.480 - 0.040)$ W/cm² $= 0.440$ W/cm²，系统效率为 0.37。

因此，对于这种特殊情况，在较高压力下，该电池的工作没有特别明显的优势，即两种系统都会产生同样的净输出功率和系统效率。如果两种压力之间的电压差小于 60 mV，则较低的压力将会产生更多的输出功率和更好的系统效率。然而，这时还存在其他影响不同压力下系统复杂性和性能的决定性因素，如工作温度。

控制压缩机的速度，可维持理想流量。低压系统（相比于工作在恒定流量下，低压系统中压缩机吸收功率微不足道），适合工作在恒定流量下，即压缩机速度恒定。对于高压系统，以恒定流量工作将对于部分载荷的系统效率产生不利影响，正如下面这个例子。

例 6-2　对于例 6-1 中的燃料电池，如果压缩机工作在恒定速度下，即给定恒定的空气流量，试计算额定功率、50% 净输出功率和 25% 净输出功率时，辅机功率和燃料电池输出功率之比，即 W_{aux}/W_{FC}。

解 （1）额定功率（440 mW/cm²）时。

在 300 kPa 时，$W_{aux}/W_{FC}=85/528=0.161$。

在 170 kPa 时，$W_{aux}/W_{FC}=40/480=0.083$。

（2）50%额定功率（220 mW/cm²）时。

在 300 kPa 时，$W_{aux}/W_{FC}=85/(85+220)=0.279$。

在 170 kPa 时，$W_{aux}/W_{FC}=40/(40+220)=0.154$。

（3）25%额定功率（110 mW/cm²）时。

在 300 kPa 时，$W_{aux}/W_{FC}=85/(85+110)=0.436$。

在 170 kPa 时，$W_{aux}/W_{FC}=40/(40+110)=0.267$。

根据上例，在高压系统中，控制空气流量与生成电流成正比非常重要。一般而言，两种类型的压缩机可用于高压燃料电池系统中：

（1）正位移压缩机，如活塞压缩机、隔膜压缩机、涡旋压缩机、螺旋或旋转叶片式压缩机；

（2）离心式压缩机（径向或轴向）。

由于压力流特性不同，两类压缩机的流量条件也不相同。

对于正位移压缩机，通过简单地降低电机转速 n_p，就可在无须改变背压情况下改变流量（见图 6-10）。在流量增加的情况下，为了克服电池组中增加的压降，系统的压力也会相应地升高，以确保能够提供进入燃料电池的足够的气体流量。值得注意的是，压缩机效率并不是沿着工作曲线变化的。在选择燃料电池系统的压缩机时，应考虑部分负载和额定功率时的压缩机效率。

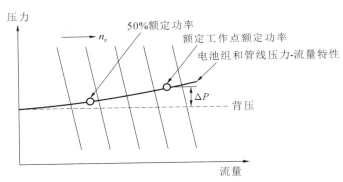

图 6-10　正位移压缩机的压力-流量特性

然而，离心式压缩机具有不同的压力-流量特性，见图 6-11。它不能在喘振线左侧的低流量区域运行。在燃料电池系统中，这意味着流量调节必须伴随着压力调节，以保持工作点位于压缩机喘振线的右侧。这对于提高压缩机效率非常有利，压缩机通过改变流量和压力，可在大范围流量内高效率地工作。

通常，空气必须在进入燃料电池组之前增湿。6.2.4 节讨论了各种增湿方法。在电池组出口处，通常存在一些液态水，可通过一种简单的气/液分离器很容易地从排出空气中分离出来。在排出口采集的水可存储并重新利用，用于冷却或增湿（见图 6-12）。

在高压系统中，排出口处的空气温度较高且以稍低于入口处的压力进行加压。这些能量可用于膨胀机或涡轮机做功，以抵消压缩空气所需的功。压缩机和膨胀机（涡轮机）可安装在同一轴上，构成一个涡轮压缩机（见图 6-13）。

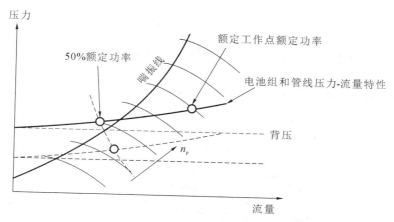

图 6-11　离心式压缩机的压力-流量特性

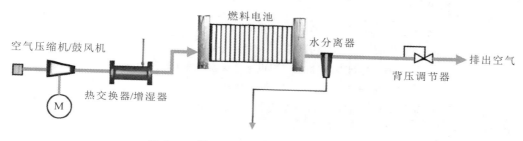

图 6-12　燃料电池供应空气的原理示意图

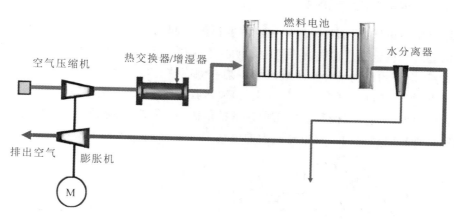

图 6-13　具有膨胀机的燃料电池系统原理示意图

将燃料电池排出口处的热空气从该处压力 P_{out} 增压到大气压力 P_0,可从其中提取的做功量为

$$W_{exp} = \dot{m}_{Airout} c_p T_{out} \left[1 - \left(\frac{P_0}{P_{out}} \right)^{\frac{k-1}{k}} \right] \eta_{comp} \tag{6.18}$$

膨胀机效率 η_{exp} 为上述两种压力下实际做功和理想等熵功之比。

由于出口处的空气中还存在着水蒸气,因此需要调节质量流量、比热容比 k。这样的调节可以让系统增加不高于 5% 的功率。

膨胀结束时的温度为

$$T_{end} = T_{out} - T_{out}\left[1 - \left(\frac{P_0}{P_{out}}\right)^{\frac{k-1}{k}}\right]\eta_{exp} \tag{6.19}$$

由于压缩和膨胀过程的效率均比较低,再加上电池组的压降,膨胀机仅能恢复一部分的压缩功,如图 6-14 所示。

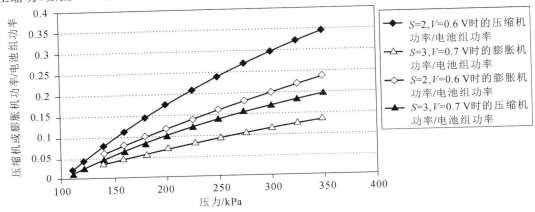

图 6-14　具有压缩机/膨胀机的燃料电池系统在不同工作压力下寄生功率图

（注：环境压力为标准大气压,温度为 30 ℃,效率为 70%）

然而,如果提高出口处的温度(例如在电池组阳极出口处压缩过量的氢),通过膨胀可产生压缩所需的功率。

6.2.2　被动式空气供应

若输出功率很低,我们可以仅利用由浓度梯度引起的自由对流来设计和运行一种被动式空气供应的燃料电池。这类燃料电池的阴极前端通常直接暴露于大气中,因此无须双极板;或者将双极板的结构设计为阴极流场在某一侧能够直接与大气相通(见图 6-15)。在这两种情况下,氧气浓度梯度会在开放的大气环境与消耗氧气的电化学反应催化层之间形成。这种燃料电池的性能不仅受到氧气扩散速率的限制,还受到温度梯度影响的水分/热量排出的制约。这种自由对流的燃料电池最大的电流密度可达 $0.1 \sim 0.15$ A/cm^2。

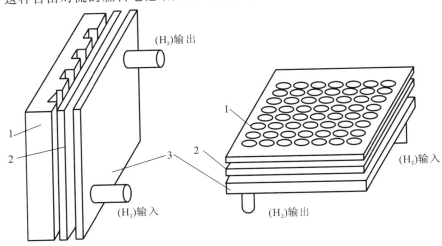

图 6-15　自由对流式燃料电池示意图

1—双极板;2—MPL;3—流场板

这些环境对流或自由对流的燃料电池仅需简单的供氢系统,见图 6-16,多块电池可以横向串联(某一电池的阳极与相邻电池的阴极电气连接)以得到期望输出的电压。图 6-16 给出了这种多电池结构,其在两端采用自由对流的阴极(氢流场位于中间)。这种燃料电池的输出电压可以为 6 V 或 12 V,这取决于两端的电气连接形式(并联或串联形式)。

图 6-16　被动式空气供应的燃料电池

6.2.3　氢气供应

氢/空气供应系统中的氢气供应与之前提到的氢/氧供应系统相同,可以设计采用闭环形式,氢气在系统中未被消耗完时可以回流再利用,或者封闭末端。然而,由于氢气或氮气等惰性气体会因浓度梯度随时间积聚在燃料电池膜中,闭环系统若不定期进行净化则难以长期运行。在氢/空气供应系统中,另一种方法是将排出的氢气供给燃烧器,以产生更多的热量,这些热量随后可以为涡轮机或膨胀机提供动力(见图 6-17)。将涡轮机/膨胀机与空气压缩机安装在同一轴上,可以减小或在某些情况下消除驱动空气压缩机时的额外能量损耗。

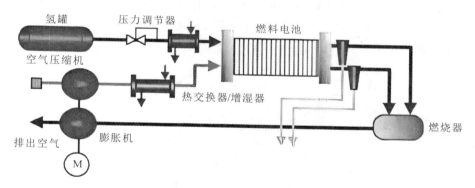

图 6-17　将氢气燃烧回收热能的燃料电池供氢系统

此时涡轮机从排出氢气中提取的能量为

$$W_{exp} = \dot{m}_{exh} c_{pexh} T_B \left[1 - \left(\frac{P_0}{P_{out}} \right)^{\frac{k-1}{k}} \right] \eta_{exp} \quad (6.20)$$

排出气的组成、比热容、质量流量和温度,可根据燃烧器的质量平衡和能量平衡进行计算,如图 6-18 所示。

燃烧器的质量流量包括未燃烧的氧、氮和水蒸气:

$$\dot{m}_{exp} = \dot{m}_{O_2 Bout} + \dot{m}_{N_2 Bout} + \dot{m}_{H_2 OBout,v} \quad (6.21)$$

氧的质量流量等于燃烧器之前氧的质量流量减去氢燃烧所消耗的氧(假定完全燃烧):

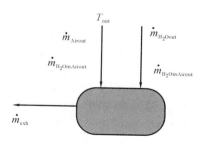

图 6-18　尾气燃烧器质量平衡

$$\dot{m}_{O_2 Bout} = \dot{m}_{O_2 FCout} - \frac{1}{2}\dot{m}_{H_2 FCout}\frac{M_{O_2}}{M_{H_2}} \tag{6.22}$$

式中：M_{O_2} 为氧的摩尔质量；M_{H_2} 为氢的摩尔质量。

氮的质量流量不会改变，即

$$\dot{m}_{N_2 Bout} = \dot{m}_{N_2 FCout} = \dot{m}_{N_2 FCin} \tag{6.23}$$

在完全燃烧的情况下，排出气中应该不存在氢，即

$$\dot{m}_{H_2 Bout} = 0 \tag{6.24}$$

水蒸气的质量流量包括燃料电池出口处氢和空气中存在的水蒸气加上燃烧器中氢燃烧所产生的水：

$$\dot{m}_{H_2 OBout, v} = \dot{m}_{H_2 OinAirout, v} + \dot{m}_{H_2 OinH_2 out, v} + \dot{m}_{H_2 FCout}\frac{M_{O_2}}{M_{H_2}} \tag{6.25}$$

燃烧器的所有流体符合能量平衡，即流入的焓总和必须等于流出燃烧器的焓总和：

$$\sum H_{FCout} = \sum H_{Bout} \tag{6.26}$$

流入燃烧器的焓总和包括燃料电池排出的氢和氧以及存在的水蒸气的焓，即

$$\sum H_{FCout} = T_{out}\left[\dot{m}_{Airout}c_{pAir} + \dot{m}_{H_2 out}c_{pH_2} + (\dot{m}_{H_2 OinAirout, v} + \dot{m}_{H_2 OinH_2 out, v})c_{pH_2 O, v}\right]$$
$$+ (\dot{m}_{H_2 OinAirout, v} + \dot{m}_{H_2 OinH_2 out, v})h_{fg}^0 \tag{6.27}$$

燃烧器出口处的焓总和为

$$\sum H_{Bout} = T_B(\dot{m}_{O_2 Bout}c_{pO_2} + \dot{m}_{N_2 FCout}c_{pN_2} + \dot{m}_{H_2 OBout, v}c_{pH_2 O, v}) + \dot{m}_{H_2 OBout, v}h_{fg}^0 \tag{6.28}$$

联立式（6.21）～式（6.28），可得排出气的最终温度。

显然，较高的氢化学计量比将会在燃料电池排出气中留下更多的氢，从而导致涡轮机中产生更多的功，并减小寄生损耗，进而增大燃料电池的净输出功率。但是，燃烧过量的氢会导致燃料电池的系统效率较低（见图 6-19）。

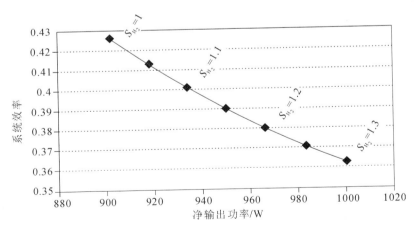

图 6-19　具有燃烧器和膨胀机的燃料电池净输出功率和系统效率关系图

（注：每块电池电压为 0.7 V，温度为 60 ℃，压力为 300 kPa 时，电池组输出功率为 1 kW，压缩机和膨胀机的效率均为 0.7）

6.2.4　增湿方案

原则上，空气和氢气流都必须在燃料电池入口处增湿，以确保电渗迁移不会使得膜的阳

极侧干燥。尽管阴极侧会产生水,但空气还是必须增湿,以确保过量的湿润气体,尤其是在入口区域处,不会以高于电化学反应生成水的速率来去除水。

空气增湿有多种方法,如冒泡法、直接注入蒸汽法、透水性介质交换法等。

冒泡法常用于流速相对较低(对应于单个小电池)的实验室环境,而很少用于实际系统。在这种方法中,空气通过浸在加热液态水中的多孔管扩散。由此,水中的空气气泡在蒸发发生过程的气体和液态水之间形成一个相对较大的接触面积。控制液态水的温度可达到期望的湿度,在实验室环境中,通常是采用电加热器。如果装置容量选择适当,那么液体表面出现的气体会在一个理想的预设温度下达到饱和。增湿效率取决于水位,因此必须保持所需的水位。同时,必须设计一种装置以使得流出的增湿空气不携带水滴。在实际系统中,这种方法极少使用,因为装置尺寸太大,控制(温度、水位控制)烦琐,同时需要在燃料电池出口处采集液态水,甚至在某些情况下可能不仅需要气/液分离器,还需要冷凝热交换器。除此之外,空气通过多孔介质还会产生额外压降,必须由空气供应装置补偿,从而导致泵功率较大(即寄生功率较大)且系统效率较低。

直接注水是一个更简单、紧凑且易于控制的方法,见图 6-20(a)。在工作条件(温度、压力、气流量和理想相对湿度)任意组合时,可很容易地计算出所需注入的水量:

$$\dot{m}_{\mathrm{H_2O}} = \dot{m}_{\mathrm{Air}} \frac{M_{\mathrm{H_2O}}}{M_{\mathrm{Air}}} \left(\frac{\varphi P_{\mathrm{sat}}(T)}{P - \varphi P_{\mathrm{sat}}(T)} - \frac{\varphi_{\mathrm{amb}} P_{\mathrm{sat}}(T_{\mathrm{amb}})}{P_{\mathrm{amb}} - \varphi_{\mathrm{amb}} P_{\mathrm{sat}}(T_{\mathrm{amb}})} \right) \tag{6.29}$$

式中:φ、T、P 和 φ_{amb}、T_{amb}、P_{amb} 分别代表燃料电池入口处和环境空气的相对湿度、温度和压力。

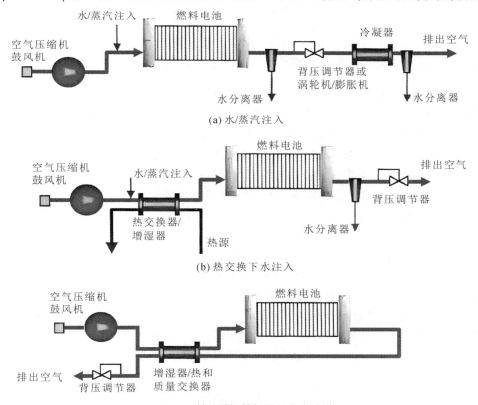

(a) 水/蒸汽注入

(b) 热交换下水注入

(c) 利用阴极排气进行水/热交换

图 6-20　空气增湿方案

直接注水时通过计量泵可确定水量。这对于以薄雾形式注入水使得水和空气之间的接触面积较大而利于蒸发十分重要。然而,在气流中简单注入液态水不足以使得气体真正增湿,因为增湿过程也需要热以供蒸发。即使是热水,水的热量通常也不够,而需要额外的热量。热源可以是空气压缩机(显然仅适用于高压系统)和燃料电池组本身。在大多数工作条件下,燃料电池组可产生足够的热量,这时由系统对增湿过程传输一部分热量,见图 6-20 (b)。

压缩过程中注入水可通过同步冷却压缩气体来真正提高压缩过程效率,但是该方法并不适用于所有类型的压缩机。

直接注入蒸汽无须额外的热交换,但是必须在系统中产生蒸汽,这意味着该方法仅适用于在温度高于水沸点(101.3 kPa 下 100 ℃)时产生热的系统。将阴极排气与输入空气进行热/水交换是一种充分利用燃料电池组所产生的水和热的巧妙方式,见图 6-20(c)。这可通过透水介质来实现,如多孔板(金属、陶瓷或石墨)、透水膜(如 Nafion 膜)或焓轮增湿器。这些装置本质上是质量和热交换器,允许在燃料电池排气口处的高温过饱和气体与干燥输入空气之间进行热和水的交换。燃料电池在较低工作压力下在增湿器内流动的热和水同向(从燃料电池排气口到入口),而在压力较高时,由于压缩作用,入口气体会很热,此时热和水的流动方向相反。对于任何一种情况,该方法在电池组工作温度下都不可能将流入气体增湿到 100% 相对湿度,这是由于热和质量传输所需的增湿器两端之间的温度差以及水浓度差有限。

与反应气体的增湿不同,膜可通过短时间内的电池组间歇短路来增湿,从而在阴极侧的电化学反应中产生额外的水,随后通过膜向后扩散。

6.2.5　水/热处理:系统集成

水和热是燃料电池的副产物,而支撑系统必须包含去除水和热的方式。燃料电池组产生的水和热部分可被再利用,例如用于反应气体的增湿或促进从金属氢化物存储罐中释放氢。

如果将去离子水作为电池组冷却剂,则水/热处理可集成在一个单独子系统中,如图 6-21所示。在此情况下,利用水来进行电池组散热并将同样的水和热用于增湿反应气体。剩余的热必须通过热交换器排放到周围环境中,在氢/空气系统中,这通常是一个辐射器。这时必须根据电池组和增湿器能量平衡来计算释放的热量。

冷却剂的质量流量为

$$\dot{m}_{coolant} = \frac{Q}{c_p \Delta T} \tag{6.30}$$

其中,ΔT 通常是一个设计变量,最典型的是 ΔT 低于 5 ℃ 且极少超过 10 ℃。较小的 ΔT 使得温度分布更为均匀,但需要较大的冷却剂流量,从而增大了寄生损耗。有时,要求电池组温度变化较大以使得水保持在理想状态中,此时冷却剂的 ΔT 由电池组温度要求确定。

热交换器中散热器的尺寸取决于冷却剂与周围空气之间的温差。为此,在组件尺寸要求十分严格的系统中,建议燃料电池工作在较高温度下,但是在确定工作温度时必须考虑工作压力和水平衡。

氢/空气燃料电池系统必须设计为无须任何备用水供应。尽管在电池组内部可产生水,但一种或两种反应气体增湿都需要水。增湿哪几种反应气体取决于燃料电池系统的预期运行状况和电池组内水再循环的能力,有时只需增湿一种反应气体即可。用于增湿的水必须

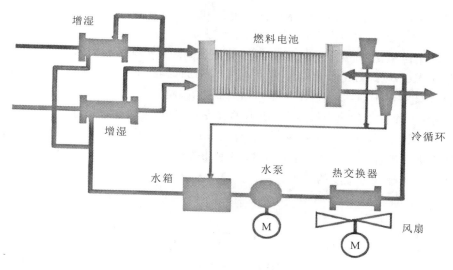

图 6-21　集成化的水/热处理

在阴极侧的电池组排气口处采集(有时需要在阴极侧和阳极侧的排气口采集)。根据燃料电池的工作条件(压力、温度和流量),排气口处的水可以是液体或气体形式。液态水在气/液分离器中能够相对容易地从气流中分离出来。如果在电池组排气口处采集的液态水不足以用于增湿,那么必须使用冷却排气装置,以使得排气凝结并分离出更多的水。

　　在系统整体上,水平衡非常简单。环境空气中进入系统的水量加上燃料电池内产生的水必须大于或等于随空气和氢流出系统的水量。排出的氢可以是连续流(全流通模式)或周期流(末端封闭或定期净化的再循环模式)。

　　系统水平衡可由下列方程给出:

$$\dot{m}_{H_2O, Airin} + \dot{m}_{H_2O, gen} = \dot{m}_{H_2O, Airout} + \dot{m}_{H_2O, H_2 out} \tag{6.31}$$

式中:$\dot{m}_{H_2O, Airin}$ 为随空气进入的水,见式(6.32);$\dot{m}_{H_2O, gen}$ 为电池组内生成的水,见式(6.33);$\dot{m}_{H_2O, Airout}$ 为出口处随空气排出的水(蒸汽),见式(6.34);$\dot{m}_{H_2O, H_2 out}$ 为出口处随氢气排出的水(蒸汽),见式(6.35)。

$$\dot{m}_{H_2O, Airin} = \frac{S_{O_2}}{r_{O_2}} \frac{\varphi_{amb} P_{vs}(T_{amb})}{P_{amb} - \varphi_{amb} P_{vs}(T_{amb})} \frac{M_{H_2O}}{4F} IN_{cell} \tag{6.32}$$

$$\dot{m}_{H_2O, gen} = \frac{M_{H_2O}}{2F} IN_{cell} \tag{6.33}$$

$$\dot{m}_{H_2O, Airout} = \frac{S_{O_2} - r_{O_2, in}}{r_{O_2, in}} \frac{P_{vs}(T_{st})}{P_{ca} - \Delta P_{ca} - P_{vs}(T_{st})} \frac{M_{H_2O}}{4F} IN_{cell} \tag{6.34}$$

$$\dot{m}_{H_2O, H_2 out} = (S_{H_2} - 1) \frac{P_{vs}(T_{st})}{P_{an} - \Delta P_{an} - P_{vs}(T_{st})} \frac{M_{H_2O}}{2F} IN_{cell} \tag{6.35}$$

可见,水平衡取决于:

(1)氧或氢的流量,即化学计量比;

(2)电池组的工作温度,即排气口的温度;

(3)电池组的工作压力,更准确地说,是电池组出口处的压力,即液态水从排出气中分离出的压力;

(4)环境条件(压力、温度和相对湿度)。

　　值得注意的是,系统整体上的水平衡与电流和电池个数无关,因为上述方程中的 IN_{cell} 项,在式(6.32)~式(6.35)代入式(6.31)时会消去。

　　图 6-22 给出了在不同空气流量和工作压力下达到中性水平衡所需的排气口温度(环境条件假设为 20 ℃、101.3 kPa,且相对湿度为 60%)。在环境压力和氧化学计量比为 2.0 的条件下,电池组不能在高于 60 ℃ 温度下工作。如果需要在较高温度下工作,那么应选择较高的工作压力或需要一个附加的热交换器来实现中性水平衡,这可能会导致在较高温度下工作失败。

　　值得注意的是,氢并不会使得从系统中流出很多的水。图 6-22 中的虚线是考虑了在假定入口处氢化学计量比为 1.2,且出口处气体饱和的条件下,通过氢排放从系统中流出水时氧化学计量比与排气口温度的关系。

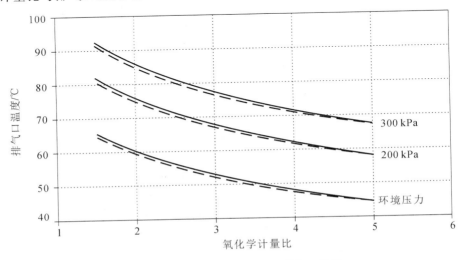

图 6-22　水平衡所需的电池组排气口温度

　　如果在寒冷气候的户外使用燃料电池,则系统存在的水会使得燃料电池系统遭受冰冻的影响。在这种情况下,冷却剂循环与水系统分离,如图 6-23 所示。这时允许使用防冻冷却剂(如乙二醇或丙二醇水溶液)来代替去离子水。然而,并不能在系统中彻底消除水,毕竟 PSA 膜含有高达 35% 的水。在寒冷环境下,燃料电池系统的运行与启动,是系统设计中必须解决的问题。工作系统应能够保证自身的工作温度。因此,保持系统温度的一种方式是在极低功率下周期性或持续运行,这会显著影响系统的整体效率,且长期运行并不实际。防止冰冻的另一种方式是在关机时从系统中抽出水。在作为备用电源的系统中,可使用小型电加热器来保持系统不冷冻且便于快速启动。

　　低于 3 kW 的小型电堆可采用风冷的形式,这时可以采用风扇代替冷却剂泵,见图6-24。利用作为冷却剂的空气收集废热且再次利用并不实际,除非系统中氢存储在金属氢化物罐中。此时,从金属氢化物中释放氢需要热,而冷却空气的热排气可吹拂金属氢化物罐。

　　具有相对较大外表面积(相对于内部活性面积)的更小型电池组可通过自然对流和辐射被动冷却。如果有需要,其表面积可通过散热片来增大。

　　系统结构很大程度上取决于实际应用。在某些情况下,一个仅包括一瓶氢和一块燃料电池的非常简单的系统(见图 6-16)已足够。在另一些情况下,系统还需要上述介绍的大部分组件和子系统。图 6-25 给出了一个实际氢/空气燃料电池系统应用于燃料电池汽车的原理示意图。

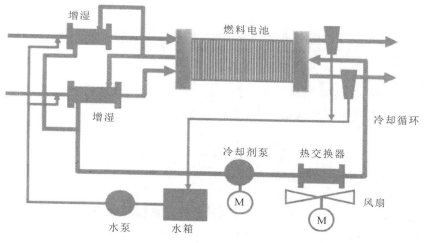

图 6-23　具有防冻冷却剂冷却系统的燃料电池

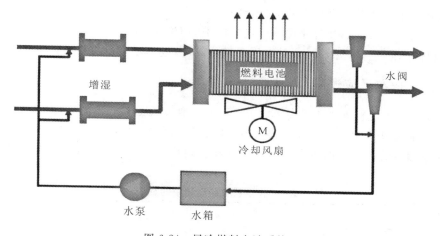

图 6-24　风冷燃料电池系统

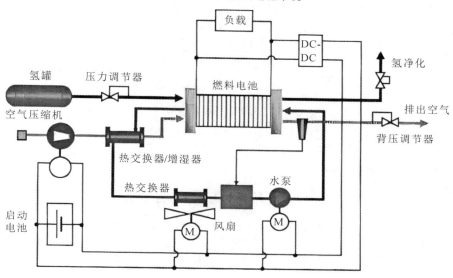

图 6-25　完整的氢/空气燃料电池系统

6.3　重整气/空气系统建模与设计

目前氢还不是一种现成燃料。为将燃料电池推向市场,从燃料中产生氢成为燃料电池系统的一部分,此时可采用传统燃料,如用于固定应用的天然气、用于交通运输的汽油和用于便携能源的甲醇。

氢可通过下列 3 种方式从天然气、汽油或甲醇等碳氢燃料中产生:

① 蒸汽重组;

② 部分氧化;

③ 自热重组,本质上是一种蒸汽重组和部分氧化反应的结合。

除此之外,产生用于质子交换膜燃料电池所需的足够纯的氢,还必须经过以下三个过程:

① 脱硫,除去存在于燃料中的硫化合物;

② 变换反应,以减小燃料处理器产生气体中的 CO 含量;

③ 气体净化,包括选择氧化、甲烷化或膜分离,以进一步减小重组气体中的 CO 含量。

6.3.1　基本反应过程

表 6-3 总结了燃料处理中的基本反应,除了一般方程组外,还给出了甲烷、异辛烷和甲醇的实例。甲烷可作为一种代表性的天然气(天然气包含了高达 95% 的甲烷),异辛烷可作为液态碳氢燃料的代表。汽油实际上是各种碳氢化合物的混合物,不能用单一化学方程式来表示。

表 6-3　燃料重组过程中的反应

燃烧	$C_mH_nO_p + (m+n/4-p/2)O_2 \longrightarrow mCO_2 + (n/2)H_2O + 热$
水蒸气产生	$CH_4 + 2O_2 \longrightarrow CO_2 + 2H_2O(g) + 802.5\ kJ$
	$C_8H_{18} + 12.5O_2 \longrightarrow 8CO_2 + 9H_2O(g) + 5063.8\ kJ$
	$CH_3OH + 1.5O_2 \longrightarrow CO_2 + 2H_2O(g) + 638.5\ kJ$
液态水产生	$CH_4 + 2O_2 \longrightarrow CO_2 + 2H_2O(l) + 890.5\ kJ$
	$C_8H_{18} + 12.5O_2 \longrightarrow 8CO_2 + 9H_2O(l) + 5359.8\ kJ$
	$CH_3OH + 1.5O_2 \longrightarrow CO_2 + 2H_2O(l) + 726.5\ kJ$
部分氧化	$C_mH_nO_p + (m-p)O_2 \longrightarrow (m-p)CO_2 + pCO + (n/2)H_2 + 热量$
	$CH_4 + 0.5O_2 \longrightarrow CO + 2H_2 + 39.0\ kJ$
	$C_8H_{18} + 4O_2 \longrightarrow 8CO + 9H_2 + 649.8\ kJ$
	$CH_3OH + 1.5O_2 \longrightarrow CO_2 + 2H_2O + 154.6\ kJ$
蒸汽重组	$C_mH_nO_p + mH_2O + 热 \longrightarrow (m-p)CO + pCO_2 + (m+n/2)H_2$
	$CH_4 + 2H_2O(g) + 87.4\ kJ \longrightarrow CO_2 + 4H_2$

续表

水蒸气利用	$C_8H_{18} + 8H_2O(g) + 1286.1 \text{ kJ} \longrightarrow 8CO + 17H_2$
	$CH_3OH + H_2O(g) + 87.4 \text{ kJ} \longrightarrow CO_2 + 3H_2$
	$CH_4 + H_2O(l) + 247.0 \text{ kJ} \longrightarrow CO + 3H_2$
液态水利用	$C_8H_{18} + 8H_2O(l) + 1638.1 \text{ kJ} \longrightarrow 8CO + 17H_2$
	$CH_3OH + H_2O(l) + 131.4 \text{ kJ} \longrightarrow CO_2 + 3H_2$
气体变换反应	
水蒸气利用	$CO + H_2O(g) \longrightarrow CO_2 + H_2 + 37.5 \text{ kJ}$
液态水利用	$CO + H_2O(l) + 6.5 \text{ kJ} \longrightarrow CO_2 + H_2$
选择氧化	$CO + 0.5O_2 \longrightarrow CO_2 + 279.5 \text{ kJ}$
水蒸发	$H_2O(l) + 44.0 \text{ kJ} \longrightarrow H_2O(g)$

　　每个反应都需要能量(吸热)或产生热(放热)。在表 6-3 所示的方程中,方程左侧表示吸收的热量,而方程右侧为反应释放的热量。反应热可由参与组分的生成热计算,见表6-4,参考温度为 25 ℃。在相当高的温度发生反应时,反应过程所产生的额外的热会使得反应物温度升高,且大量的热随产生的水排出系统。在涉及水的反应中,水的参与形式对所需的热或产生的热具有重要影响。在大多数过程中水以蒸汽形式参与,因此利用水蒸气方程是非常适当的。然而,燃料电池系统分析必须考虑用于产生蒸汽的能量,在此时采用液态水方程更适当,同时在进行效率计算时也很方便。效率计算时采用高热值更为合适,尽管在所有的燃烧过程中,水都是以水蒸气形式流出系统,且对过程效率没有影响。

表 6-4　燃料电池中常见的气体和液体形成热

组分	分子质量/(g/mol)	产生的热/(kJ/mol)
氢,H_2	2.016	0
氧,O_2	31.9988	0
氮,N_2	28.0134	0
一氧化碳,CO	28.0106	0
二氧化碳,CO_2	44.010	-113.8767
水蒸气,$H_2O(g)$	18.0153	-393.4043
水蒸气,$H_2O(l)$	18.0153	-241.9803
甲烷,CH_4	16.043	-286.0212
甲醇,CH_3OH	32.0424	-74.85998
辛烷,C_8H_{18}	114.230	-238.8151

6.3.2　蒸汽重组

　　蒸汽重组是一个吸热过程,这意味着必须将热量带入反应器中。这些热通常是由额外的燃料燃烧而产生的。蒸汽重组反应和燃烧反应由导热壁物理隔离,因此产生的气体不含有任何氮。蒸汽重组反应是可逆的,且产生的气体是氢、一氧化碳、二氧化碳(也会发生一些变换反应)、水蒸气以及未转换燃料的混合物。

图 6-26 给出了蒸汽重组过程的原理示意图。蒸汽重组后的实际成分与温度、压力和输入气体组分相关。图 6-27 给出了甲烷在不同温度下蒸汽重组时的平衡浓度。由于产生的气体中仍包含大量的一氧化碳,因此需增设变换反应器,在此 CO 与额外蒸汽发生反应并转换为更多的氢和 CO_2。变换反应可分为高温和低温变换反应,这取决于期望的 CO 分量和施加的催化剂。所得气体中仍包含约 1% 的 CO,它对质子交换膜燃料电池有害。在选择氧化过程中进一步减小 CO 分量,此时 CO 与空气中的氧发生催化氧化反应。催化剂的选择和工作条件的控制非常关键,以避免或至少最小化气体中氢的燃烧。

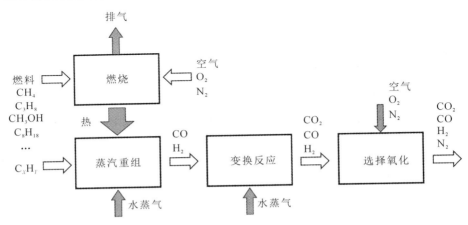

图 6-26　蒸汽重组过程示意图

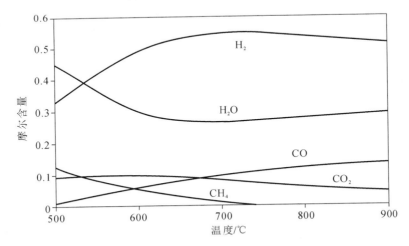

图 6-27　甲烷在不同温度下蒸汽重组时的平衡浓度(标准大气压下)

蒸汽重组的总方程为

$$C_mH_nO_p + (2m-p)H_2O + 热 \longrightarrow mCO_2 + (2m+n/2-p)H_2 \tag{6.36}$$

该过程所需的热可通过燃烧额外的燃料得到:

$$kC_mH_nO_p + k\left(m + \frac{n}{4} - \frac{p}{2}\right)O_2 \longrightarrow kmCO_2 + \frac{kn}{2}H_2O + 热量 \tag{6.37}$$

式中:k 为蒸汽重组反应热的绝对值和燃烧反应热的绝对值之比,即

$$k = \frac{\Delta H_{SR} + (m - p)\Delta H_{shift}}{\Delta H_{comb}} \tag{6.38}$$

式中：ΔH_{comb} 是特定燃料的热值（见表 6-4）；ΔH_{SR} 表示蒸汽重组反应的吸热量；ΔH_{shift} 表示变换反应的吸热量。

因此，蒸汽重组过程的理论效率是两种反应生成氢吸收的热值与消耗燃料释放的热值之比：

$$\eta = \frac{2m + \dfrac{n}{2} - p}{1 + k} \frac{\Delta H_{H_2}}{\Delta H_{fuel}} \tag{6.39}$$

显而易见，如果用相应反应物组成成分的热（即氢燃烧、燃料燃烧、蒸汽重组和变换反应）代替热值，则蒸汽重组过程的理论效率为 100%。而实际的效率总是较低，原因在于：

（1）反应过程中存在损耗的热，既包括耗散在环境中的热，也包括气体带走的热（包括燃烧反应的排出气体和变换反应中的产生气体）；

（2）存在不完全反应，包括上述所有三种反应。

一种避免变换反应和选择氧化的巧妙方法是在蒸汽重组中采用一个金属膜使氢从产生的重组气体中分离出来，即膜分离蒸汽重组。这种膜仅允许氢透过，因此得到的是高纯度的氢。一氧化碳和未转换的燃料以及蒸汽重组的其他副产物都返回到燃烧室（见图 6-28），从而减少燃烧以产生蒸汽重组过程所需热的燃料量。这种过程非常高效，但是通过膜的过滤需要较高的压力。因此，该过程更加适合于液态燃料（如甲醇）或已压缩的燃料（如丙烷）。压缩燃料将对系统效率产生显著的影响。

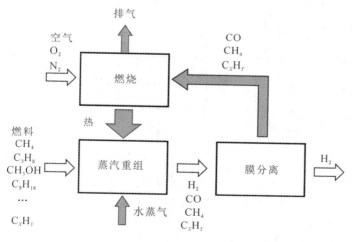

图 6-28　金属膜分离蒸汽重组过程示意图

6.3.3　部分氧化和自热重组

与蒸汽重组不同，部分氧化是一个放热过程。本质上，这是一种以较低氧化学计量比进行的燃烧过程，使得产生一氧化碳和氢（而不是完全燃烧产生二氧化碳和水蒸气）。在类似于蒸汽重组的过程中，重组气体必须经过变换反应以产生更多的氢并通过选择氧化将 CO 分量减小到可接受水平。

在部分氧化中，每摩尔燃料产生较少的氢。对于甲烷，每摩尔甲烷经部分氧化可产生 2 mol 的氢，而通过蒸汽重组可产生 3 mol 氢。对于辛烷，每摩尔辛烷经部分氧化可产生

9 mol的氢,而通过蒸汽重组可产生 17 mol 的氢。

除此之外,与蒸汽重组的产生气体中仅含有氢和二氧化碳(选择氧化后具有极少量的CO)不同,部分氧化后产生的气体中含有大量的氮。也就是说,气体中的氢含量非常低(大约为 40%,相比于蒸汽重组的 80%),且对燃料电池的性能具有一些影响。图 6-29 给出了部分氧化过程的原理示意图。

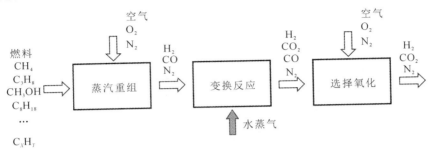

图 6-29　部分氧化过程示意图

由于部分氧化是一个放热过程(即产生热),而蒸汽重组是一个吸热过程(即需要热),这两个过程实际上可结合形成所谓的自热重组过程,如图 6-30 所示。

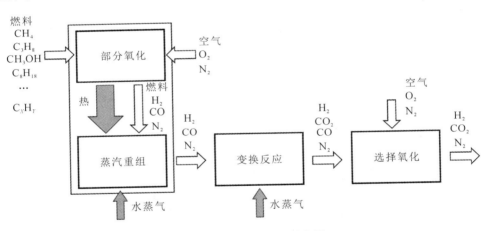

图 6-30　自热重组过程示意图

自热重组不是外部燃烧并传热到蒸汽重组反应器,而是在自热重组器中利用部分氧化内部产生的热,并将反应气体和部分氧化的产物(氢和一氧化碳)传输到蒸汽重组区,见图6-30。

具有变换反应的自热过程的总方程为

$$C_m H_n O_p + \chi O_2 + (2m - p - 2\chi) H_2O \longrightarrow (2m + n/2 - p - 2\chi) H_2 + mCO_2 \tag{6.40}$$

式中:χ 为每摩尔燃料的氧摩尔数。

对于甲烷、辛烷以及甲醇,总方程分别为

$$CH_4 + \chi O_2 + (2 - 2\chi) H_2O \longrightarrow CO_2 + (4 - 2\chi) H_2 \tag{6.41}$$

$$C_8 H_{18} + \chi O_2 + (16 - 2\chi) H_2O \longrightarrow 8 CO_2 + (25 - 2\chi) H_2 \tag{6.42}$$

$$CH_3OH + \chi O_2 + (1 - 2\chi) H_2O \longrightarrow CO_2 + (3 - 2\chi) H_2 \tag{6.43}$$

上述反应可能是吸热、放热或热中性的,这取决于进入系统的氧气量 χ。值得注意的是,这与有外部燃烧的蒸汽重组的总方程相同。然而,两者的区别在于蒸汽重组中燃烧和重组这两个过程是物理隔离的;而在自热重组中,上述两个过程在同一反应器中相伴进行。如果选择方程中的 χ 以使得既不需要热也不产生热,则该过程是自热过程,且理论效率为 100%。定义效率 η 为产生氢的能量与燃料消耗的能量之比,用各自热值表示为

$$\eta = \left(2m + n/2 - p - 2\chi\right)\frac{\Delta H_{H_2}}{\Delta H_{fuel}} \tag{6.44}$$

式中:氢和燃料的热值 ΔH_{H_2} 和 ΔH_{fuel} 均以 kJ/mol 为单位。

100% 效率时,$\eta = 1$,χ 为

$$\chi_{\eta=1} = m + \frac{n}{4} - \frac{p}{2} - \frac{\Delta H_{fuel}}{2\Delta H_{H_2}} \tag{6.45}$$

对于天然气而言,有

$$\chi_{\eta=1} = 1 + \frac{4}{4} - \frac{890.5}{2 \times 286} = 0.443$$

同理,对于辛烷,有 $\chi_{\eta=1} = 3.19$;对于甲醇,有 $\chi_{\eta=1} = 0.23$。由于对于每种燃料,χ 并不相同,因此经常采用一个等效比 ε。该等效比 ε 定义为完全燃烧所需的理论氧量和实际氧量 χ 之比,即

$$\varepsilon = \frac{m + \frac{n}{4} - \frac{p}{2}}{\chi} \tag{6.46}$$

自热重组情况下总方程为

$$C_mH_nO_p + \frac{m + \frac{n}{4} - \frac{p}{2}}{\varepsilon}O_2 + \frac{(\varepsilon - 1)(2m - p) - \frac{n}{2}}{\varepsilon}H_2O \longrightarrow mCO_2 + \frac{2m + \frac{n}{2} - p}{1 - \frac{1}{\varepsilon}}H_2 \tag{6.47}$$

则自热重组的理想效率为

$$\eta = \left(2m + \frac{n}{2} - p\right)\left(1 - \frac{1}{\varepsilon}\right)\frac{\Delta H_{H_2}}{\Delta H_{fuel}} \tag{6.48}$$

注意,$\varepsilon = 1$ 时,反应趋于正常燃烧且没有氢产生。随着等效比的增大,氢量增加,从而效率也增大。图 6-31 给出了重组效率与等效比之间的关系。但是,等效比存在着理论极限和实际极限。理论极限对应于较高热值时的 100% 效率(对于氢和燃料)。等效比增大,意味着在过程中使用的氧较少。当等效比接近理论极限时,燃料处理器存在形成碳的风险,发生的反应如下:

$$CH_4 \longrightarrow C + 2H_2 \tag{6.49}$$

$$2CO \longrightarrow C + CO_2 \tag{6.50}$$

为减小碳形成的风险,等效比应稍低于理论值(氧气稍过量),且反应中添加的蒸汽超过理论值,添加速率通常取蒸汽与碳之比(燃料中蒸汽的摩尔数与碳的摩尔数之比)σ,为 $2.0 \sim 3.0$。那么实际的燃料重组反应为

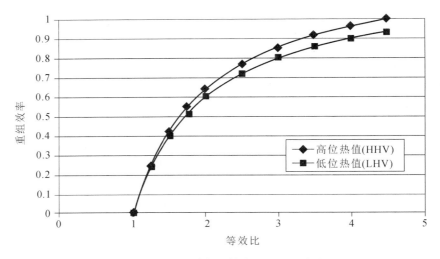

图 6-31　重组效率与等效比之间的关系

$$C_mH_nO_p + \frac{m+\dfrac{n}{4}-\dfrac{p}{2}}{\varepsilon}O_2 + \frac{r_{O_2}}{1-r_{O_2}}\frac{m+\dfrac{n}{4}-\dfrac{p}{2}}{\varepsilon}N_2 + \sigma H_2O \tag{6.51}$$
$$\longrightarrow aC_mH_nO_p + bCH_4 + cCO_2 + dCO + eN_2 + fH_2 + gH_2O$$

反应中出现氮是因为其与空气一起进入。由于氮实际上并不参与反应,方程(6.51)右侧的系数 e 等于左侧的氮系数。在方程(6.51)左侧输入给定下,右侧的其他系数,即重组气体的确切成分将取决于催化剂、反应器设计、温度、压力和过程控制。右侧出现的燃料表示燃料经过反应器,这显然是不期望出现的。由于不完全反应,方程右侧出现 CH_4。

例如,在天然气情况下,上述反应变为

$$CH_4 + \frac{2}{\varepsilon}O_2 + \frac{0.79}{0.21}\frac{2}{\varepsilon}N_2 + \sigma H_2O \tag{6.52}$$
$$\longrightarrow bCH_4 + cCO_2 + dCO + eN_2 + fH_2 + gH_2O$$

在一些假设条件下且已知输入参数 σ 和 ε 的情况下,可根据组分平衡计算出重组气体的组分。

根据碳平衡,有

$$b + c + d = 1 \tag{6.53}$$

根据氧平衡,有

$$\frac{4}{\varepsilon} + \sigma = 2c + d + g \tag{6.54}$$

根据氢平衡,有

$$4 + 2\sigma = 4b + 2f + 2g \tag{6.55}$$

根据氮平衡,有

$$e = \frac{2}{\varepsilon}\frac{0.79}{0.21} \tag{6.56}$$

只有四个方程,但式(6.52)中有 6 个未知数。其余两个方程可根据所产生重组气体中 CO 分量的最大需求(通常在干燥气体中不超过体积的 1%)以及效率需求推导。

干燥重组气体中 CO 组分(按照体积)为

$$r_{CO} = \frac{d}{b+c+d+e+f} = \frac{d}{1 + \frac{2}{\varepsilon}\frac{0.79}{0.21} + f} \tag{6.57}$$

同理,干燥重组气体中 H_2 组分为

$$r_{H_2} = \frac{f}{b+c+d+e+f} = \frac{f}{1 + \frac{2}{\varepsilon}\frac{0.79}{0.21} + f} \tag{6.58}$$

重组过程的实际效率为

$$\eta_{actual} = f\frac{\Delta H_{H_2}}{\Delta H_{fuel}} \tag{6.59}$$

式中:氢和燃料的热值 ΔH_{H_2} 和 ΔH_{fuel} 均以 kJ/mol 为单位。

重组气体中的氢含量直接与实际效率相关,根据式(6.57)和式(6.59)可得:

$$\eta_{actual} = \frac{r_{H_2}\frac{\Delta H_{H_2}}{\Delta H_{fuel}}\left(1 + \frac{2}{\varepsilon}\frac{0.79}{0.21}\right)}{1 - r_{H_2}} \tag{6.60}$$

图 6-32 给出了天然气自热重组中氢含量和重组效率之间的关系。值得注意的是,由式 (6.48)或图 6-31 可知,对于每个等效比,都具有一个效率极限。

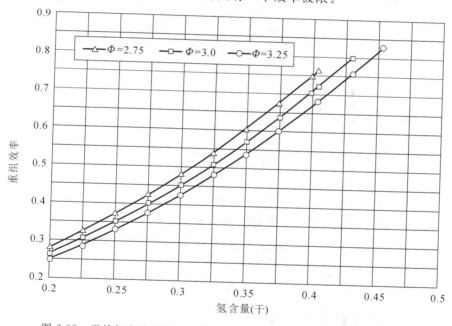

图 6-32　天然气自热重组中氢含量与重组效率关系图(CO 分量为 1%)

(注:Φ 表示当量比,即燃料(如天然气)与氧化剂(通常是空气)的实际混合比与其理论化学计量比的比值)

天然气自热重组器产生的重组气体的典型组成成分包括 H_2、CO_2、CO、N_2、CH_4。对于其他燃料可进行类似分析。

虽然反应是采用不同类型的催化剂在不同反应器中发生的,但由于反应同时发生,因此上述反应均包括燃料重组和变换反应。燃料处理器中的高温不利于变换反应。变换反应有时分为两步——高温变换反应(400~500 ℃)和低温变换反应(200~250 ℃),它们采用不同类型的催化剂,通常是基于铁和铜。近年来,贵金属催化剂(如铂氧化铈或金氧化铈)展现出更大潜力,不仅因为其更耐硫,更重要的是其允许更高的空间速度,从而使反应器更小。

变换反应能够减小 CO 分量,通常小于 1%(在干燥气体中按体积计)。对于质子交换膜燃料电池,这仍然太高,它对 CO 的耐受性非常低(通常低于 $100×10^{-6}$,取决于工作温度)。采取选择氧化可进一步减小 CO 分量。这本质上是在给定温度下利用对 CO 比对 H_2 具有更高亲和性的贵金属催化剂来燃烧 CO。该反应可简化为

$$CO + \frac{1}{2}O_2 \longrightarrow CO_2 \tag{6.61}$$

然而,为确保 CO 几乎完全消除(低于 $100×10^{-6}$),必须供应过量氧,通常采用较高氧化学计量比,为 2.0~3.5。过量氧与重组气体中的氢在贵金属催化剂的作用下反应。将选择氧化过程的效率定义为出口处与入口处氢量之比。图 6-33 给出了典型选择氧化(PROX)反应器的效率。另外,必须谨慎控制空气供应和选择氧化温度以避免出现危险情况,尤其当气体流量高度可变时。

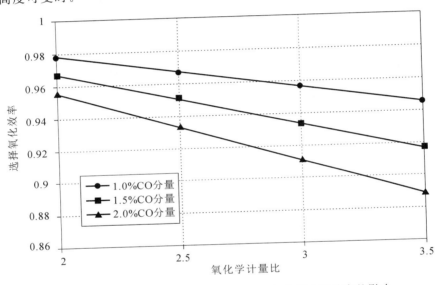

图 6-33　氧化学计量比和 CO 含量对选择氧化反应器效率的影响

通常,燃料处理的控制并不是一个简单任务。燃料处理由一系列反应组成,每个操作都处于相对较窄的工作温度窗口中。每个反应器出口处的气体组成很大程度上取决于输入气体的组成,以及反应器的温度。如果任意一个参数在非常短的一段时间内稍微超出工作要求窗口,则会导致出口处的 CO 含量较高,从而对燃料电池的性能产生不利影响。

6.3.4　重组对燃料电池性能的影响

天然气自热重组中各种等效比和效率(对于天然气)下的重组气体组成见表 6-5。重组器产生的重组气体组分取决于燃料的类型、重组器的类型以及燃料处理的工作效率。表 6-6 给出了不同燃料在不同重组过程(包括选择氧化)下的气体组分。此外,重组气体还包括表中未列出的高达 $100×10^{-6}$ 的 CO、未转换的燃料以及其他碳氢化合物(甲烷、乙烷和乙烯),并且还可能包含其他副产物,如氢硫化物、氨、醛等。

重组气体对质子交换膜燃料电池的性能具有以下影响:

(1) 由于氢含量较低而产生的电势损耗;

(2) CO 对催化剂的毒性;

（3）其他组分（如氨和氢硫化物）对催化剂和膜的毒性，即使浓度非常低。

表 6-5　天然气自热重组中重组气体在不同等效比和效率下的组分

等效比	3.0	3.0	3.20
碳蒸气比	2.0	2.0	2.0
理论效率（HHV）	0.85	0.85	0.88
实际效率（HHV）	0.75	0.80	0.80
实际效率（LHV）	0.70	0.75	0.75
CO_2	0.150	0.152	0.153
H_2	0.401	0.416	0.428
N_2	0.428	0.417	0.402
CO	0.010	0.010	0.010
CH_4	0.011	0.004	0.00

表 6-6　不同燃料在不同重组过程（包括选择氧化）下的气体组分

不同重组过程	主要重组气体		
	H_2	CO_2	N_2
天然气自热重组	0.42	0.16	0.42
汽油自热重组	0.40	0.20	0.40
甲醇自热重组	0.50	0.20	0.30
天然气蒸汽重组	0.75	0.24	0.01
甲醇蒸汽重组	0.70	0.29	0.01

　　一氧化碳会产生很多严重影响，即使浓度非常低。在低温（低于 100 ℃）下，铂对 CO 比对氢具有更高的亲和力，结果导致催化剂的大部分被 CO 所占据，甚至在浓度低至 100×10^{-6} 时，这将导致几乎完全丧失产生电流的能力（见图 6-34）。据报道，对于 80 ℃ 下的质子交换膜燃料电池，PtRu 催化剂对 CO 具有较高的耐受性。图 6-34 表明与常规的 Pt 催化剂相比，采用 PtRu 催化剂的电池性能显著提高。这可能是由于 Ru 的水活化，以及随后在相邻 Pt 原子上的 CO 电化学作用，也可能由于 Pt 与 CO 键合强度减弱引起。

　　除此之外，向燃料电池阳极侧注入极少量空气（通常约为 2%，称为空气渗入）有助于 CO 的氧化。在 PtRu 催化剂以及 2% 的空气渗入下，重组气体可能包含高达 100×10^{-6} 的 CO，此时燃料电池工作性能实际上没有任何损耗，见图 6-35。

　　温度越高（>120～130 ℃），质子交换膜可能对 CO 的耐受性越好，但是常规 PSA 膜不能在此温度下工作。目前已进行了大量研究来研发能够在高温下工作的膜。尽管一些研究成果具有发展潜力，但尚未有已投入实际应用中的膜。燃料电池在较高温度下工作的另一个好处是散热装置的尺寸可更小。

　　重组气体中其他可能出现的副产物会对质子交换膜燃料电池性能产生不利影响。图

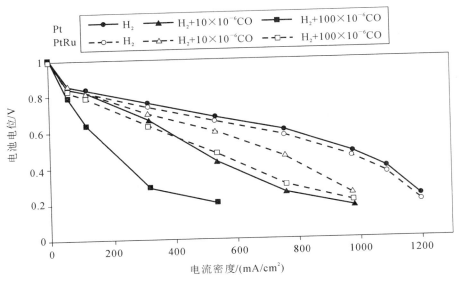

图 6-34　Pt 和 PtRu 催化剂的 CO 耐受性情况对比（308 kPa,80 ℃,氢/氧化学计量比为 1.3/2.0）

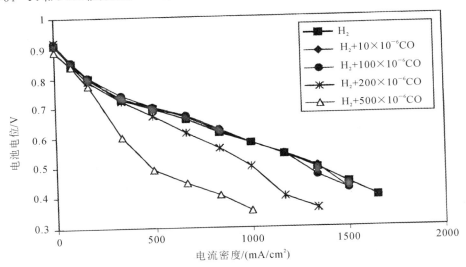

图 6-35　2%空气渗入对 PtRu 催化剂 CO 耐受性的影响

（重组气体/空气,重组气体组成为 40% H_2、40% N_2、20% CO_2;303 kPa,60 ℃,

氢/空气化学计量比为 1.3/2.0）

6-36 给出了将少量氨($13×10^{-6}$～$130×10^{-6}$)注入阳极燃料流中所发生的情况。由图 6-36 可见,注入少量氨后,在给定电池电势时,电池电流稳步下降。似乎毒性是可逆的,即切断氨气流后,电池性能会缓慢改善。但值得注意的是,电池性能并不能返回到其最初状态,即使在几小时之后。在特定条件下,自热重组器中可能会产生氨(但存在的主要组分还是氢和氮)。

如果燃料脱硫工作不正常,在重组器中也可能会形成具有毒性的 H_2S,这对燃料电池的性能影响更严重,见图 6-37。低至 $1×10^{-6}$～$3×10^{-6}$ 的 H_2S 就足以完全损坏电池,并且在停止输入 H_2S 后,电池性能似乎也无法改善,电池即产生永久性损坏。

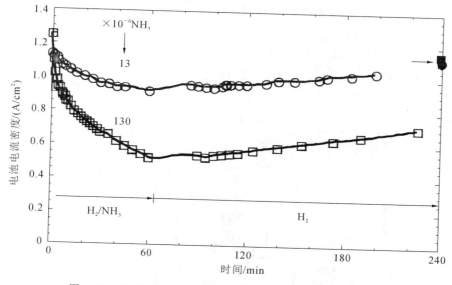

图 6-36　在 80 ℃时，两种浓度的 NH_3 对燃料电池性能的影响

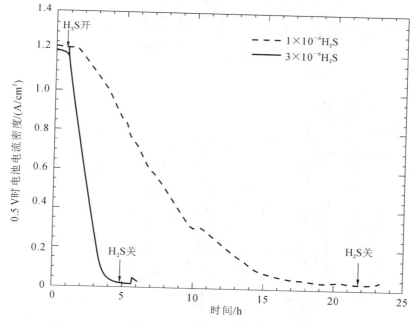

图 6-37　在 80 ℃时，两种浓度的 H_2S 对燃料电池性能的影响

6.3.5　燃料重组系统集成

　　如上所述，一个燃料处理器涵盖多个过程，每个过程发生在一个分离反应器或容器中。此外，一些过程需要空气供应，另一些过程需要蒸汽供应，且都需要某种形式的温度控制。用于空气供应、蒸汽供应和温度控制的装置必须集成在燃料处理器子系统中。目前有多种方式来设置组件及其之间的流动，目的是使系统的效率尽可能高（即氢的产生），产生气体中 CO 含量尽可能低，有害副产物（如氨和硫化氢）最少，以及具有足够灵活性以响应燃料电池中氢的需求。图 6-38 给出了两种自热重组器系统的结构。尽管图 6-38 所示的两个系统中

包含相同组件,但其设置方式存在些许不同。例如,一个系统利用燃料电池尾气燃烧器产生的热来预热燃料和水,而另一个系统将这些热完全用于产生蒸汽并利用主反应器产生的热来预热燃料。在液体燃料(如汽油或甲醇)情况下,预热还包括燃料蒸发。天然气和汽油,尤其是柴油,均必须除硫,除硫操作通常作为燃料处理的第一步。同时,在想要利用废热的系统中还需要额外的热交换器。

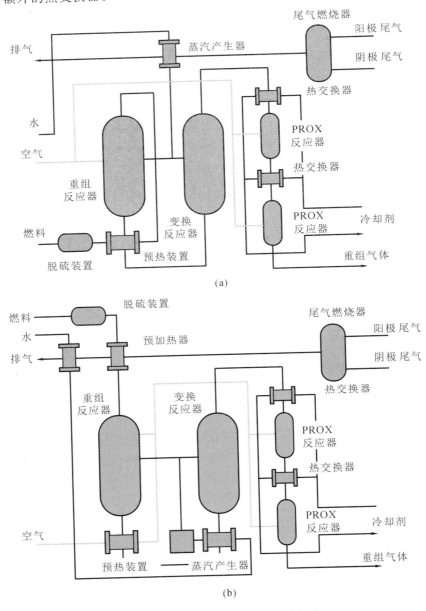

图 6-38　两种自热重组器系统示意图

燃料处理器需要与燃料电池系统完全集成在一起,它不仅向燃料电池提供燃料并利用燃料电池排出气体中的热,还共享空气、水、冷却剂以及控制子系统,如图 6-39 所示。

燃料处理器产生的重组气体温度较高且与水过饱和。这样就无须阳极增湿器,但需要一个冷却器使得阳极气体温度降到燃料电池工作温度,同时在进入燃料电池组之前将冷凝

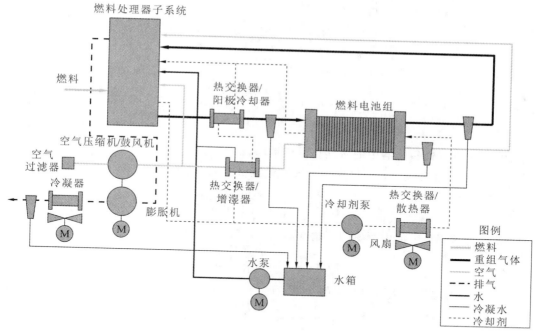

图 6-39　集成燃料处理器的燃料电池系统

水分离。

　　燃料处理器和燃料电池通常工作在同一压力下,因此可共享相同的空气供应系统。这对于将空气流分布到需要的地方很重要,包括燃料电池组、燃料处理反应器以及选择氧化反应器,电池组阳极入口处可能需要额外的空气渗入。为避免采用成本昂贵的质量流控制器(同时也需要较高的压力以正常工作),通常使用被动装置,如孔板。

　　燃料处理器需要水来产生重组反应器和变换反应器所需的蒸汽,同时,燃料电池也需要水来增湿阴极入口气体。现已提出各种阴极增湿方案。通常,蒸汽产生器和增湿器的注入都需要高压水。无论何种实际应用,燃料电池系统应设计为工作时无须补充水。水随着环境空气进入系统,同时随着排出气体流出系统。水作为燃料电池和尾气燃烧器的产物而产生,并且在选择氧化中还会产生少量的水(这是不期望发生的氢氧化反应的产物)。同时,燃料处理器中也会消耗水(在蒸汽重组和气体变换反应中)。

　　系统的水平衡方程可表示为

$$\dot{m}_{H_2O}\Big|_{in}^{air}+\dot{m}_{H_2O}\Big|_{gen}^{FC}+\dot{m}_{H_2O}\Big|_{gen}^{TGC}+\dot{m}_{H_2O}\Big|_{gen}^{PROX}=\dot{m}_{H_2O}\Big|_{cons}^{FP}+\dot{m}_{H_2O}\Big|_{out}^{exh} \tag{6.62}$$

式中:$\dot{m}_{H_2O}\Big|_{in}^{air}$ 为随环境空气进入系统的水量(湿度),计算式为

$$\dot{m}_{H_2O}\Big|_{in}^{air}=\dot{m}_{Airin}\frac{M_{H_2O}}{M_{Air}}\frac{\varphi_{amb}P_{vs}(T_{amb})}{P_{amb}-\varphi_{amb}P_{vs}(T_{amb})} \tag{6.63}$$

式中:$\dot{m}_{Airin}$ 为燃料电池所需的干燥空气质量流量,其中包括用于燃料电池的空气、用于燃料处理器的空气、用于选择氧化的空气和用于渗入(用于氧化阳极的 CO)的空气,即

$$\dot{m}_{Airin}=\dot{m}_{Air}\Big|_{in}^{FC}+\dot{m}_{Air}\Big|_{in}^{FP}+\dot{m}_{Air}\Big|_{in}^{PROX}+\dot{m}_{Air}\Big|_{Airbleed} \tag{6.64}$$

用于燃料电池反应的空气可由下式计算:

$$\dot{m}_{Air}\Big|_{in}^{FC}=\frac{S_{O_2}}{r_{O_2}}\frac{IN_{cell}}{4F}M_{Air} \tag{6.65}$$

用于燃料处理器的空气可由下式计算：

$$\dot{m}_{\mathrm{Air}}\Big|_{\mathrm{in}}^{\mathrm{FP}} = S_{\mathrm{H_2}}\ \frac{IN_{\mathrm{cell}}}{2F}\ \frac{\Delta H_{\mathrm{H_2}}}{\eta_{\mathrm{FP}}\Delta H_{\mathrm{fuel}}}\ \frac{m+n/4-p/2}{\varepsilon}\ \frac{M_{\mathrm{Air}}}{r_{\mathrm{O_2}}} \tag{6.66}$$

用于选择氧化的空气可由下式计算：

$$\dot{m}_{\mathrm{Air}}\Big|_{\mathrm{in}}^{\mathrm{PROX}} = S_{\mathrm{H_2}}\ \frac{IN_{\mathrm{cell}}}{2F}\ \frac{\Delta H_{\mathrm{H_2}}}{\eta_{\mathrm{FP}}\Delta H_{\mathrm{fuel}}} r_{\mathrm{CO}}\left(1+\frac{m+n/4-p/2}{\varepsilon}\ \frac{r_{\mathrm{O_2}}}{1-r_{\mathrm{O_2}}}+\frac{\eta_{\mathrm{FP}}\Delta H_{\mathrm{fuel}}}{\Delta H_{\mathrm{H_2}}}\right)\frac{S_{\mathrm{PROX}}}{2}\ \frac{M_{\mathrm{Air}}}{r_{\mathrm{O_2}}}$$
$$\tag{6.67}$$

式中：S_{PROX} 为选择性氧化器中的氧气化学计量比。

用于渗入的空气大约是阳极所用空气质量流量的 2%，即

$$\dot{m}_{\mathrm{Air}}\Big|_{\mathrm{Airbleed}} = 0.02\ \frac{S_{\mathrm{H_2}}}{r_{\mathrm{H_2}}}\ \frac{IN_{\mathrm{cell}}}{2F}M_{\mathrm{Air}} \tag{6.68}$$

$\dot{m}_{\mathrm{H_2O}}\big|_{\mathrm{gen}}^{\mathrm{FC}}$ 为燃料电池中产生的水量，有

$$\dot{m}_{\mathrm{H_2O}}\Big|_{\mathrm{gen}}^{\mathrm{FC}} = \frac{IN_{\mathrm{cell}}}{2F}M_{\mathrm{H_2O}} \tag{6.69}$$

$\dot{m}_{\mathrm{H_2O}}\big|_{\mathrm{gen}}^{\mathrm{TGC}}$ 为尾气燃烧器中产生的水量，有

$$\dot{m}_{\mathrm{H_2O}}\Big|_{\mathrm{gen}}^{\mathrm{TGC}} = (S_{\mathrm{H_2}}-1)\ \frac{IN_{\mathrm{cell}}}{2F}M_{\mathrm{H_2O}} \tag{6.70}$$

$\dot{m}_{\mathrm{H_2O}}\big|_{\mathrm{gen}}^{\mathrm{PROX}}$ 为 CO 的选择氧化过程中产生的水量，有

$$\dot{m}_{\mathrm{H_2O}}\Big|_{\mathrm{gen}}^{\mathrm{PROX}} = S_{\mathrm{H_2}}\ \frac{IN_{\mathrm{cell}}}{2F}\ \frac{\Delta H_{\mathrm{H_2}}}{\eta_{\mathrm{FP}}\Delta H_{\mathrm{fuel}}}r_{\mathrm{CO}}\left(1+\frac{m+n/4-p/2}{\varepsilon}\ \frac{r_{\mathrm{O_2}}}{1-r_{\mathrm{O_2}}}+\frac{\eta_{\mathrm{FP}}\Delta H_{\mathrm{fuel}}}{\Delta H_{\mathrm{H_2}}}\right)(S_{\mathrm{PROX}}-1)M_{\mathrm{H_2O}}$$
$$\tag{6.71}$$

$\dot{m}_{\mathrm{H_2O}}\big|_{\mathrm{cons}}^{\mathrm{FP}}$ 为燃料处理器中消耗的水量，有

$$\dot{m}_{\mathrm{H_2O}}\Big|_{\mathrm{cons}}^{\mathrm{FP}} = S_{\mathrm{H_2}}\ \frac{IN_{\mathrm{cell}}}{2F}\ \frac{\Delta H_{\mathrm{H_2}}}{\eta_{\mathrm{FP}}\Delta H_{\mathrm{fuel}}}\ \frac{(\varepsilon-1)(2m-p)-n/2}{\varepsilon}M_{\mathrm{H_2O}} \tag{6.72}$$

$\dot{m}_{\mathrm{H_2O}}\big|_{\mathrm{out}}^{\mathrm{exh}}$ 为随气体排出系统的水量，有

$$\dot{m}_{\mathrm{H_2O}}\Big|_{\mathrm{out}}^{\mathrm{exh}} = \dot{m}_{\mathrm{exh}}\ \frac{M_{\mathrm{H_2O}}}{M_{\mathrm{exh}}}\ \frac{P_{\mathrm{vs}}(T_{\mathrm{exh}})}{P_{\mathrm{amb}}-P_{\mathrm{vs}}(T_{\mathrm{exh}})} \tag{6.73}$$

式中：$\dot{m}_{\mathrm{exh}}$ 为排出气体的质量流量，可根据系统质量平衡计算：

$$\dot{m}_{\mathrm{exh}} = \dot{m}_{\mathrm{fuelin}}+\dot{m}_{\mathrm{Airin}}-\dot{m}_{\mathrm{H_2O}}\Big|_{\mathrm{gen}}^{\mathrm{FC}}-\dot{m}_{\mathrm{H_2O}}\Big|_{\mathrm{gen}}^{\mathrm{TGC}}-\dot{m}_{\mathrm{H_2O}}\Big|_{\mathrm{gen}}^{\mathrm{PROX}}+\dot{m}_{\mathrm{H_2O}}\Big|_{\mathrm{cons}}^{\mathrm{FP}} \tag{6.74}$$

$$\dot{m}_{\mathrm{fuelin}} = S_{\mathrm{H_2}}\ \frac{IN_{\mathrm{cell}}}{2F}\ \frac{\Delta H_{\mathrm{H_2}}}{\eta_{\mathrm{FP}}\Delta H_{\mathrm{fuel}}}M_{\mathrm{fuel}} \tag{6.75}$$

式中：$\dot{m}_{\mathrm{fuelin}}$ 为燃料电池所需的燃料质量流量。

注意，在式(6.65)~式(6.75)中，氢和燃料的热值 $\Delta H_{\mathrm{H_2}}$ 和 ΔH_{fuel} 均以 kJ/mol 为单位，可采用较低或较高的热值，但必须一致，这取决于燃料处理器效率 η_{FP}。在式(6.65)~式(6.75)中，IN_{cell} 可用 W/V_{cell} 代替，其中 W 为燃料电池的输出功率，V_{cell} 表示单个电池电压。

将排出气体冷却到所需温度 T_{exh}，以满足式(6.62)并实现中性水平衡。在不要求中性水平衡的系统中，可省去排气口处的冷凝器。

如果燃料电池应用于寒冷环境下，系统中存在的水会使得燃料电池受到冰冻影响。现已提出各种工程解决方案来防止冰冻，包括关机时将水从系统排出并利用电加热器，或者让系统在极低功率下运行（连续或周期性）以保证系统温度。前者需要同时改变系统和电池组

的设计,而后者会对系统总效率产生显著影响。

在电池散热方面,去离子水可作为冷却剂,而在易受冰冻影响的系统中,冷却剂循环与水循环分离,从而允许采用防冻冷却剂,如乙二醇或丙二醇。另一种散热方法是配置一个空气冷却系统,通常适用于低功率应用场合(低于 3~4 kW)。

除了给燃料电池组散热外,冷却循环系统还会冷却燃料处理器产生的重组气体,并且如果需要,可在空气增湿过程中提供热量。另外,选择氧化过程还需要温度控制。随后散热器从系统向周围环境散热。在气体排出系统之前,排出气可能会从系统向冷凝器注入一些热量。此时,冷凝器需要冷凝气体并在排气口处保存水以维持系统中的中性水平衡。

散热器和冷凝器上的热载荷分布取决于工作压力和温度。图 6-40 给出了工作压力和温度对散热器和冷凝器上的热载荷的影响,较高的工作温度和较低的工作压力会导致热载荷从散热器向冷凝器转移。在高压(300kPa)和低温(60 ℃)下,几乎所有的热量都在散热器中排出,而在低压(170kPa)和高温下,几乎所有的热量是在冷凝器中排出。散热器和冷凝器之间主要的差别是:散热器是一种液/气热交换器,而冷凝器是一种气/气热交换器(一些热传递用于相变,即水的冷凝,但液体量要比气体量少几个数量级)。气/气热交换器的热传递系数非常低,这意味着对于相同量的热载荷,热交换器需要更大的热交换面积。

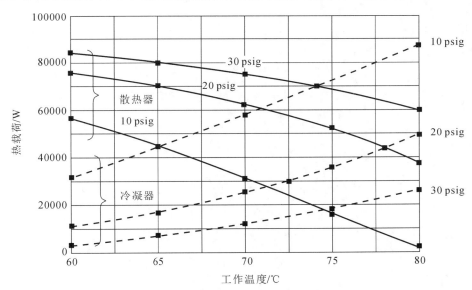

图 6-40　系统功率为 50 kW,效率为 32.5% 时工作压力和温度对散热器和冷凝器热载荷的影响
(注:1 psig=6.895 kPa)

图 6-41 展示了不同工作温度和压力下散热器和冷凝器的热交换面积对比情况。尽管自动热交换器通常封装紧凑(>1000 m²/m³),但对于汽车的燃料电池系统,热交换器的尺寸可能是一个限制因素。如果要保持水平衡,工作温度越高并不一定意味着热交换器尺寸越小。最极限的情况是,最小的热交换器会导致系统工作在高压(308 kPa)和低温(60 ℃)下。在低于 60 ℃ 的工作温度且足够高的工作压力(高于 300 kPa)下,系统无须冷凝器,且所有的热均可在散热器中排放。

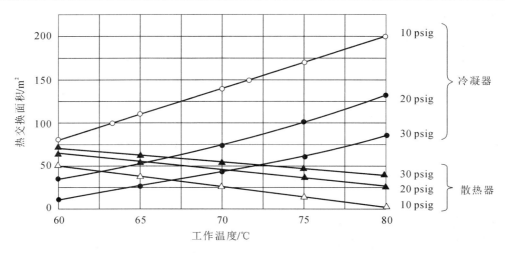

图 6-41　系统效率为 32.5%、输出功率为 50 kW 的燃料电池需要的热交换面积
（气液传热系数为 60 W·K/m²，气气传热系数为 15 W·K/m²）

第 7 章　燃料电池控制与故障诊断

在过去的几十年里,燃料电池技术由于其高能效率和低环境影响而受到广泛关注。然而,实现燃料电池的广泛商业应用,关键在于提高其可靠性和寿命,这需要有效的控制策略和故障诊断系统。本章将介绍燃料电池的控制与故障诊断技术,特别是神经网络的应用。

燃料电池的控制系统必须能够实时调整和优化其运行参数,以应对外部条件的变化和内部状态的波动。此外,故障诊断系统对于及时检测和隔离故障、保证系统安全运行至关重要。在这两个领域,神经网络因其强大的非线性建模能力和自学习特性而被该领域研究者关注。神经网络,尤其是深度学习技术,已被证明在模式识别和预测任务中非常有效。在燃料电池控制系统中,神经网络可以基于历史数据和即时传感器数据预测电池的最优运行状态。同时,在故障诊断方面,神经网络能够从复杂的数据输入中学习潜在的故障特征,实现对故障类型的快速识别和分类。

尽管神经网络提供了一种有力的工具,但其应用也面临着一些挑战,如数据的获取和处理、网络的训练和验证以及模型的泛化能力等。本章将深入探讨这些挑战,并引入一些最新的研究成果和案例研究,以展示如何有效地将神经网络技术应用于燃料电池的控制与故障诊断中,从而提升其性能和可靠性。

通过本章的学习,读者将能够深入理解如何利用神经网络技术来提升燃料电池系统的控制和诊断能力,并掌握一些实用的技术和策略。

7.1　燃料电池系统控制策略

前几章建立了质子交换膜燃料电池各系统模型,然而从系统角度来看,燃料电池的控制极为复杂,不仅各个子系统需要相应的控制策略,而且不同系统之间的控制也会相互影响。质子交换膜燃料电池系统是包含了多个辅助模块的复杂系统,包括氢气供应系统、空气供应系统、热管理系统以及电堆本身,如图 7-1 所示。除此之外,为了维持质子交换膜燃料电池的正常运行,系统还需配备以燃料电池控制器(fuel-cell control unit,FCU)为核心的控制模组对电堆进行实时监测与控制,以保障其在最佳工况下稳定运行。

7.1.1　PID 控制

PID 控制器(比例-积分-微分控制器)是自动控制领域中最为广泛使用的一种经典控制器,它的应用覆盖了从小型电子设备到大型工业系统的广泛范围。这种控制器的起源可以追溯到 1920 年,当时它被用于调节船舶和重工业机械的操作。由于其强大的通用性和可靠性,PID 控制器随后迅速成为自动化控制系统的核心。PID 控制的核心优势在于其简单的

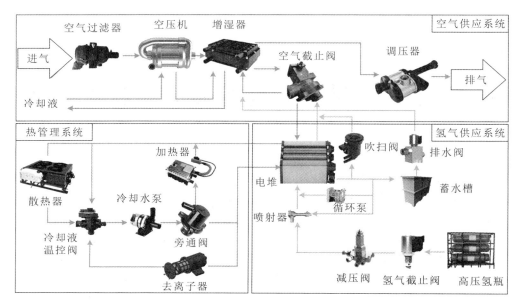

图 7-1　燃料电池系统结构示意图

数学模型和广泛的适用性。它基于系统当前的误差信号来计算控制输入,可以适应各种类型的线性和非线性系统。此外,PID 控制器的参数调整相对直观,使得工程师可以容易地调试系统,以使系统达到期望的性能。

随着技术的发展,PID 控制器已经被集成到各种现代化的控制系统中,包括自动驾驶汽车、飞行控制系统、工业机器人以及能源系统等。在这些系统中,PID 控制器负责维护稳定的操作条件,响应外部扰动,确保系统的高效和安全运行。在工业自动化领域,PID 控制器特别受到重视,因为它可以有效地解决过程控制中的调节问题,如流体压力、温度、流量及其他关键参数的稳定控制。这种控制器的广泛应用证明了其在提供精确控制方面的价值,尤其是在要求高可靠性和简单实施的场合。

随着时间的推进,尽管许多更复杂的控制策略如模型预测控制(model predictive control,MPC)和自适应控制等已经被开发出来,但 PID 控制器依然是教育和实践中最先介绍和使用的基本工具之一。这是因为它提供了控制理论的实用基础,并且在多个领域中展示了其调控简单过程的有效性。此外,由于其理论和实践的成熟度,PID 控制也常被用作其他更高级控制策略的基线或起点。

如图 7-2 所示,PID 控制器的核心在于三个主要的控制环节:比例(P)、积分(I)和微分(D)。这三个环节的协同工作可以适应多种控制需求,从而优化系统的响应速度和稳定性。

(1)比例控制(P):比例环节是 PID 控制器的基础,它直接对系统的当前误差进行反应。误差即设定点和实际输出之间的差值。比例控制的作用是根据误差调整控制输入,以尽快减小误差。比例控制的效果直接影响系统的快速性和稳态误差。

(2)积分控制(I):积分环节负责处理系统中长期存在的稳态误差。它通过积累误差来调整控制输出,确保系统输出最终能够达到设定值。积分控制有助于消除静态误差,但可能引起系统的超调和振荡。

(3)微分控制(D):微分环节预测系统未来的行为,它通过对误差变化率的响应来抑制或预防系统的过冲。微分控制提高了系统对扰动的抵抗力,增强了控制过程的稳定性。

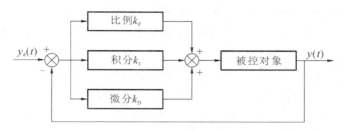

图 7-2　PID 控制逻辑图

PID 算法的时域函数表达式为

$$y(t) = k_{P}e(t) + k_{I}\int_{0}^{t} e(t)\mathrm{d}t + k_{D}\frac{\mathrm{d}e(t)}{\mathrm{d}t} \tag{7.1}$$

式中：$e(t)$ 为反馈误差，即系统期望值与输出值的偏差；$y(t)$ 为控制输出量，即被控系统的输入量；k_{P}、k_{I}、k_{D} 分别为比例单元增益、积分单元增益和微分单元增益。

在燃料电池技术中，PID 控制器发挥着至关重要的作用。燃料电池系统的性能和效率受多种操作参数的影响，如气体流量、压力和温度等，这些参数必须精确控制以确保电池系统的最优性能。

（1）温度控制：燃料电池的效率和寿命高度依赖于操作温度。用 PID 控制器调节冷却系统，确保电池在理想的温度范围内运行。精确的温度控制，可以最大化燃料电池的输出效率并延长其使用寿命。

（2）燃料/氧（空气）流量控制：为了最大化能量转换效率，燃料电池中的燃料/氧（空气）供应必须维持在最佳水平。PID 控制器通过调节供氢阀门来精确控制燃料/氧（空气）流量，从而优化反应效率并减少燃料浪费。

（3）压力控制：燃料电池中的反应压力对于维持化学反应速率和效率至关重要。PID 控制器可用于压力调节，以稳定电池内的反应环境，确保系统的稳定和高效运行。

尽管 PID 控制在燃料电池系统中具有广泛的应用，但它在处理高度非线性系统或快速变化的条件时可能存在局限性。因此，在实际应用中，PID 控制经常与其他控制策略（如模糊逻辑或神经网络控制）结合使用，以实现更高的控制性能和适应性。综合应用多种控制方法，可以充分利用 PID 控制的简单有效性，同时弥补其在处理复杂系统中的不足。

7.1.2　MPC 控制

模型预测控制（MPC）是一种先进的控制策略，自 20 世纪 70 年代以来在过程控制领域得到了广泛的应用和发展。MPC 控制使用一个过程模型来预测未来一段时间内系统的输出，优化器基于该输出，通过最小化控制目标函数来计算一系列未来的控制输入，目标函数通常包括预测输出与预测期望之间的误差和控制输入的变化。因此，MPC 能够实时地调整控制输入，以确保系统沿着期望的轨迹运动，同时满足其他条件（如系统约束和终端约束）。

MPC 的操作原理基于对系统的动态模型的实时求解优化问题。控制算法首先基于当前系统状态预测未来一段时间内系统的行为，然后求解一个优化问题，以确定最佳的控制动作序列，使得预测的系统性能满足设定的目标，如最小化能耗、保持系统稳定或遵守操作约束等。

MPC 具体步骤如下：

（1）模型建立　MPC 依赖于系统的数学模型，这个模型描述了系统的动态特性。

（2）滚动时域优化　在每个控制步骤,根据模型预测系统在未来一段时间范围内的行为,并形成一个优化问题。这个优化问题的目标是最小化或最大化一个性能指标(如成本函数),同时需满足系统的各种物理和操作约束。

（3）反馈校正　计算得到的最优控制序列仅用其第一部分实施于系统,随后收集新的系统数据,再次进行预测和优化。

这种"滚动时域优化"策略使 MPC 能够灵活地适应系统变化,及时调整控制策略以响应即时的系统状态和外部扰动。

一个离散时间的状态空间模型表示为

$$x(k+1) = Ax(k) + Bu(k) + w(k) \tag{7.2}$$

$$y(k) = Cx(k) + v(k) \tag{7.3}$$

式中:$x(k)$ 为 k 时刻的系统状态向量;$u(k)$ 为 k 时刻的控制输入向量;$y(k)$ 为 k 时刻的系统测量输出向量;A、B、C 为系统的矩阵参数,定义了状态转换和输入状态及输出的影响;$w(k)$ 和 $v(k)$ 为过程和测量噪声,通常设为随机或未知有界的变量。

MPC 的最优化问题需要用一个成本函数来描述:

$$J = \sum_{i=0}^{N-1} \left[x(k+i\,|\,k)^{\mathrm{T}} Qx(k+i\,|\,k) + u(k+i\,|\,k)^{\mathrm{T}} Ru(k+i\,|\,k) \right]$$
$$+ x(k+N\,|\,k)^{\mathrm{T}} Px(k+N\,|\,k) \tag{7.4}$$

式中:N 为预测范围的长度;$x(k+i\,|\,k)$ 为从当前时刻 k 开始,预测时刻 $k+i$ 的状态;$u(k+i\,|\,k)$ 为预测的控制输入;Q 和 R 是权重矩阵,用于调整状态误差和控制输入的相对重要性;P 为终端状态矩阵,用于保证系统的稳定性。

当系统的初始条件 $x(k+i\,|\,k)=x_k$,且不考虑噪声时,上述离散状态方程可简化为

$$X_k = \begin{bmatrix} I \\ A \\ A^2 \\ \cdots \\ A^N \end{bmatrix} x(k) + \begin{bmatrix} 0 & 0 & \cdots & 0 \\ B & 0 & & 0 \\ AB & B & \cdots & 0 \\ \cdots & \cdots & & \cdots \\ A^{N-1}B & A^{N-2}B & \cdots & B \end{bmatrix} U_k \tag{7.5}$$

式中:设 $M = \begin{bmatrix} I \\ A \\ A^2 \\ \cdots \\ A^N \end{bmatrix}$, $C = \begin{bmatrix} 0 & 0 & \cdots & 0 \\ B & 0 & \cdots & 0 \\ AB & B & \cdots & 0 \\ \cdots & \cdots & \cdots & \cdots \\ A^{N-1}B & A^{N-2}B & \cdots & B \end{bmatrix}$,则有

$$X_k = Mx_k + CU_k \tag{7.6}$$

则成本函数可简化为

$$J = \begin{bmatrix} x(k\,|\,k) \\ x(k+1\,|\,k) \\ x(k+2\,|\,k) \\ \cdots \\ x(k+N\,|\,k) \end{bmatrix} \begin{bmatrix} Q & & & & \\ & Q & & & \\ & & Q & & \\ & & & \cdots & \cdots & \cdots \\ & & & & P \end{bmatrix} \begin{bmatrix} x(k\,|\,k) \\ x(k+1\,|\,k) \\ x(k+2\,|\,k) \\ \cdots \\ x(k+N\,|\,k) \end{bmatrix}^{\mathrm{T}} + U_k^{\mathrm{T}} \begin{bmatrix} R & & & & \\ & R & & & \\ & & R & & \\ \cdots & \cdots & \cdots & \cdots & \cdots \\ & & & & R \end{bmatrix} U_k$$

$$\tag{7.7}$$

即

$$J = X_k^{\mathrm{T}} \overline{Q} X_k + U_k^{\mathrm{T}} \overline{R} U_k \tag{7.8}$$

根据初始条件可进一步简化为

$$J = x_k^{\mathrm{T}} G x_k + U_k^{\mathrm{T}} H U_k + 2 x_k^{\mathrm{T}} E U_k \tag{7.9}$$

式中：$M^{\mathrm{T}} \overline{Q} M = G, M^{\mathrm{T}} \overline{Q} C = E, C^{\mathrm{T}} \overline{Q} C + \overline{R} = H$。

MPC 可以极大地提升系统的操作效率和稳定性，特别是在处理多输入多输出（multi-input multi-output，MIMO）特性、复杂的动态响应和严格的操作约束的情况时。

MPC 在燃料电池中的应用如下：

（1）功率控制　MPC 能够优化燃料电池的功率输出，以满足变化的负载需求，同时确保不超过电池的最大承受能力和其他操作限制。

（2）热管理　MPC 可以优化燃料电池的温度控制系统，动态调节冷却剂流量以适应不同的操作条件和环境温度变化，从而提高效率和防止过热。

（3）系统寿命管理　MPC 可以通过优化操作参数来减少燃料电池系统的磨损和推迟老化，延长其使用寿命。

在燃料电池氢气供应系统控制场景中，MPC 算法相对于 PID 控制在某些方面具有的优势：一方面，由于氢气供应系统中存在多种动态过程，在传统的控制框架中，处理 MIMO 系统通常需要解决诸如参数的交互和耦合等复杂问题，而 MPC 可以直接处理 MIMO 系统中的各种复杂交互，确保控制策略始终考虑整体系统的动态行为，无须进行额外的解耦操作；另一方面，燃料电池的运行过程常常涉及一系列的约束，如压力和流量范围，MPC 控制器可以直接考虑这些约束并进行实时优化。

综上所述，针对燃料电池氢气供应系统控制的场景，MPC 控制算法提供了更大的容错空间，同时也提高了对 MPC 中系统模型精度的要求。采用数据驱动的机器学习建模方法代替传统机理建模，可以利用机器学习模型识别复杂非线性关系的优势，有效处理和适应系统在实际运行中可能遇到的变化和未知扰动，提高模型的适应性和鲁棒性。

7.1.3　模糊控制

模糊控制是一种基于模糊逻辑原理的控制策略，非常适合处理那些难以用传统数学模型精确描述的复杂或非线性系统。这种控制策略的开发受到了人类决策过程的启发，特别是在面对不精确或不确定信息时。

如图 7-3 所示，模糊控制系统主要由三部分组成：模糊化、模糊推理和去模糊化。

（1）模糊化：此阶段将实际输入值（如温度、速度或其他测量数据）转换为模糊集合中的值，这些值用语言变量如"高""中""低"来描述，以反映其在某种程度上的不确定性。

（2）模糊推理：在这一阶段，系统根据预设的模糊规则库进行推理。这些规则，如"如果温度高，则减少供热"这样的条件语句，是由专家根据经验设置的。

（3）去模糊化：在最后一个阶段，系统将模糊推理结果转换为一个精确的输出值，用于实际控制系统设备，如调节供热量或调整速度。

模糊控制在许多实际工程项目中都有应用，尤其是在自动化和控制系统领域。例如，在自动化仓库中，模糊控制可以用来优化机器人的路径规划和货物搬运操作，通过处理不同传感器的模糊输入来提高效率和安全性；在汽车工业中，模糊控制被用于提高汽车的驾驶稳定性和安全性，如制动防抱死系统（ABS）和电子稳定程序（ESP）。此外，模糊控制因在处理复

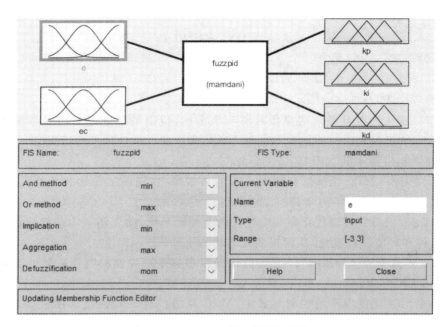

图 7-3　MATLAB 中的模糊控制模块

杂多变环境下的鲁棒性而受到青睐。它不依赖于精确的数学模型,而是直接利用人类的经验和直觉来设计控制逻辑,这使得模糊控制在动态和不确定的环境中特别有效。

在燃料电池系统中,模糊控制可以用于优化电池的操作效率和寿命。例如,燃料电池的温度管理是一个关键因素,温度太高或太低都可能影响其性能和寿命。模糊控制可以调整冷却系统,确保电池在最佳温度范围内运行,尤其是在环境条件多变或负载需求频繁改变的情况下。模糊控制还可以用于燃料电池的负载管理,例如根据当前的能量需求和电池状态,动态调整燃料供给率。基于模糊逻辑,系统可以在不同操作条件下更灵活地响应需求,优化能源消耗,延长燃料电池的使用寿命,从而提高系统的整体效率和可靠性。这种控制策略在实际应用中,能够处理复杂的输入和环境变化,提供稳定而有效的控制输出。

总的来说,模糊控制提供了一种在传统控制方法不足以应对复杂和不确定的问题时寻找解决方案的强大工具。通过模拟人类的决策过程,模糊控制增强了系统的适应性和灵活性,能够在多变的实际环境中提供稳定可靠的控制性能。

7.1.4　滑模控制

滑模控制(sliding mode control,SMC)也称为滑模变结构控制,是一种对非线性系统进行分析和设计的控制方法,也是滑模观测器的理论基础。滑模控制的核心在于其"结构"不是静态的,而是以被控变量收敛于平衡点为目标,基于系统当前状态,通过控制系统状态变量在超平面内做滑模运动而动态调整的。

设 $s=s(x)$ 为滑模面方程,也称为开关切换函数,即 $s(x)$ 为系统状态的变化率。滑模面 $s(x)=0$ 将状态空间分为两个部分:$s(x)<0$ 和 $s(x)>0$。随着状态变量的"运动",滑模面上的点大概可以分为穿越点、起点、终点三类,如图 7-4 所示,分别对应于 A、B、C。

(1)穿越点 A,表示系统运动的轨迹是穿越滑模面,在 A 点位置附近系统所满足的关系如下:

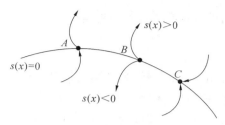

图 7-4　滑模面示意图

$$\begin{cases} \dot{s}(x) > 0, s(x) > 0 \\ \dot{s}(x) > 0, s(x) < 0 \end{cases} \tag{7.10}$$

（2）起点 B，表示系统运动的轨迹是从滑模面附近向两边分别离开，在 B 点位置附近系统满足的关系如下：

$$\begin{cases} \dot{s}(x) > 0, s(x) > 0 \\ \dot{s}(x) < 0, s(x) < 0 \end{cases} \tag{7.11}$$

（3）终点 C，表示系统运动的轨迹是从滑模面两边趋于滑模面。在实际控制中，C 点是最重要的位置，满足 $s(x) \cdot \dot{s}(x) < 0$。这意味着系统在滑模面上滑动时，总是朝着滑模面的零点方向。此时系统的状态变量会围绕 $s(x) = 0$ 进行滑模运动，最终落到滑模面上。在 C 点位置附近系统满足的关系如下：

$$\begin{cases} \dot{s}(x) > 0, s(x) < 0 \\ \dot{s}(x) < 0, s(x) > 0 \end{cases} \tag{7.12}$$

针对受控系统，要实现滑模变结构控制，需使得控制函数满足以下三个条件：

（1）滑动模态条件　如图 7-5 所示，发生滑模运动的区域称为滑模区，在平面上滑动的状态称为滑动模态，即存在控制律使得系统状态能够趋于在滑模面上滑动，数学表达如下：

$$\lim_{s \to 0^+} \dot{s} < 0, \quad \lim_{s \to 0^-} \dot{s} > 0 \tag{7.13}$$

（2）可达性条件　控制律可以使系统状态从任何滑模面以外的位置，在有限时间内达到滑模面。这意味着控制律需要足够的力量使系统状态能够被引导到滑模面上，其过程可用下式描述：

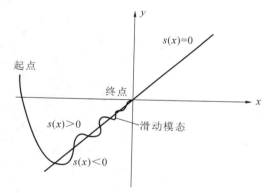

图 7-5　滑模控制轨迹示意图

$$s(x) \cdot \dot{s}(x) < 0 \tag{7.14}$$

（3）稳定性条件　系统满足李雅普诺夫（Lyapunov）稳定性理论的判断定律，用于检验滑模控制或观测设计是否渐近稳定，其描述公式如下：

$$\begin{cases} V(x) = \dfrac{1}{2} \boldsymbol{s}^{\mathrm{T}} \cdot \boldsymbol{s} \\ \dot{V}(x) = \boldsymbol{s}^{\mathrm{T}} \cdot \dot{\boldsymbol{s}} \end{cases} \tag{7.15}$$

式中：$V(x)$ 是一个被称为李雅普诺夫函数（Lyapunov function）的标量函数，通常被设计为正定函数，为系统状态相对于平衡点的距离提供一种度量方式。当系统满足可达性条件时，

$\dot{V}(x)=\mathbf{s}^{\mathrm{T}} \cdot \dot{\mathbf{s}} \leqslant 0$ 也成立,则可以判断系统是渐近稳定的。

7.1.5 神经网络

人工神经网络(artificial neural network,ANN)是由大量神经元依一定结构互联而成,用以完成不同智能信息处理任务的一种大规模非线性动力系统,不同神经元之间的相互作用用突触权值表示,神经网络的学习过程就是不断调节突触权值,使网络的实际输出不断逼近希望输出。

根据神经元之间连接的拓扑结构的不同,常用的神经网络主要有前向网络、反馈网络、相互连接型网络和混合型网络。

反向传播(back propagation,BP)神经网络是一种按误差逆向传播算法训练的前馈网络,基本结构分为三层——输入层、隐藏层以及输出层,网络通过建立有隐藏层的多层感知器模型,利用信号正向传播与误差反向调节处理神经元的学习问题,并通过网络的预测值和真实值之间的误差修正各神经元之间的权值与阈值,使得误差最小,从而训练出能解决目标问题的网络结构。

BP 神经网络具有良好的非线性映射与泛化能力,适合处理大量的训练数据。根据柯尔莫哥洛夫(Kolmogorov)定理,使用单隐藏层的神经网络在理论上能够逼近任何连续函数,也可以降低过拟合风险。因此,考虑到燃料电池系统的复杂性,可以使用三层 BP 神经网络搭建质子交换膜燃料电池数据驱动模型,网络结构如图 7-6 所示。

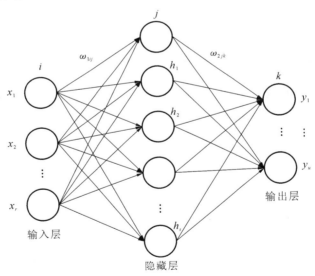

图 7-6 三层 BP 神经网络结构示意图

定义 r、s 和 u 分别为输入层、隐藏层以及输出层节点个数,i、j 和 k 分别代表网络输入层、隐藏层和输出层的第 $i(i=1,2,\cdots,r)$ 个、第 $j(j=1,2,\cdots,s)$ 个和第 $k(k=1,2,\cdots,u)$ 个神经元节点,输入层网络输入为 x_i,隐藏层神经元 j 和输出层神经元 k 的网络输出分别为 h_j 和 y_k,激活函数 $g(x)$ 选用 S 型函数 Sigmoid,激活函数图像如图 7-7 所示。ω_{1ij} 和 ω_{2jk} 分别是节点 i 与 j 和节点 j 与 k 之间的权值,节点 j 和 k 的偏置分别为 b_{1j} 和 b_{2k}。神经网络的训练过程可分为两部分:前向传播和反向传播。在前向传播过程中,隐藏层和输出层的各神经元输出见式(7.16)、式(7.17)。

$$h_j = g\left(\sum_{i=1}^{r} \omega_{1ij} x_i + b_{1j}\right) \tag{7.16}$$

$$y_k = \sum_{j=1}^{s} \omega_{2jk} h_j + b_{2k} \tag{7.17}$$

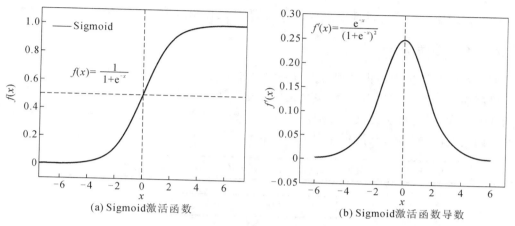

(a) Sigmoid激活函数　　　　　　　　　(b) Sigmoid激活函数导数

图 7-7　Sigmoid 激活函数及其导数曲线示意图

训练过程中,损失函数用于衡量模型预测值 $\hat{y}$ 与实际值 y 之间的差异度,其中均方差损失函数(mean squared error,MSE)是一种常用的方法,即通过计算 $\hat{y}$ 与 y 之间差值平方的均值来表示损失。理想情况下,损失值越小,模型的训练效果越好。损失函数可表示为

$$L(y, \hat{y}) = \frac{1}{N} \sum_{i=1}^{N} (y_i - \hat{y}_i)^2 \tag{7.18}$$

式中:y_i 为真实值;$\hat{y}_i$ 为预测值;N 为样本数量。

BP 神经网络训练流程图如图 7-8 所示。

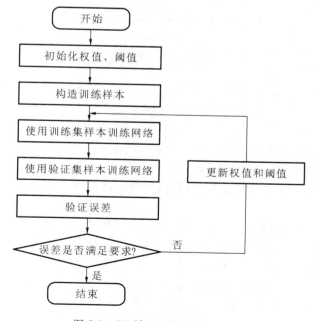

图 7-8　BP 神经网络训练流程图

在燃料电池系统中,神经网络控制可以优化操作参数(如氢气流量、温度控制等),以响

应外部变化和内部状态的变化。例如,神经网络可以预测并调整所需的氢气供应量,以保持燃料电池在最优效率下运行。

神经网络控制的引入不但提高了燃料电池系统的响应速度和效率,而且增强了燃料电池对复杂动态环境的适应能力,从而延长了设备的使用寿命和减少了维护需求。这种方法因其高度的适应性和优异的性能表现,逐渐成为现代控制系统设计中的重要组成部分。

7.1.6 遗传算法

遗传算法是受生物进化原理启发而来的一种优化算法,它利用自然选择、遗传重组和突变等机制模拟生物进化过程,以解决复杂的优化问题。自 John Holland 在 20 世纪 70 年代初期开发以来,遗传算法已被广泛应用于各种工程和科学领域,用于寻找那些难以用传统方法解决的问题的最优解,其流程如图 7-9 所示。

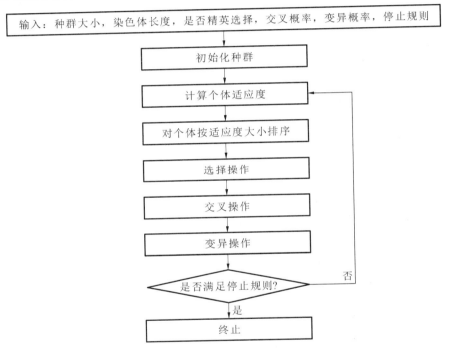

图 7-9 遗传算法流程图

遗传算法的核心在于通过迭代过程搜索最优解。

(1)初始种群:算法从一组随机生成的候选解开始,这些候选解被称为"种群"。

(2)适应度评估:每个个体的适应度(即其解决问题的能力)将被评估,以确定其生存和繁殖的概率。

(3)选择过程:根据适应度,从当前种群中选择较优的个体进入下一代的繁殖。

(4)交叉和突变:通过交叉(重组个体的部分基因)和突变(随机改变个体的某些基因)产生新个体,以保证遗传个体的多样性。

(5)新一代:新产生的个体构成新的种群,用于下一轮的迭代。

(6)终止条件:当达到预设的迭代次数或某个个体的适应度超过特定阈值时,算法终止。

遗传算法的不同变体适用于解决特定类型的问题,具体如下。

（1）标准遗传算法：适用于广泛的优化问题，特别是参数优化和调度优化问题。

（2）多目标遗传算法（如 NSGA-Ⅱ）：用于需要同时优化多个目标的问题的求解，能够生成一组解决方案（帕累托前沿）而不是单一的最优解。

（3）蚁群优化（ant colony optimization，ACO）算法：模拟蚂蚁寻找食物路径的行为，特别适用于解决路径优化问题，如旅行商问题或车辆路径规划。

（4）粒子群优化（particle swarm optimization，PSO）算法：模拟鸟群或鱼群的群体行为，适用于求解连续空间的优化问题。

（5）差分进化（differential evolution，DE）：主要用于多参数连续优化问题的求解，通过个体间的差异来引导搜索过程。

在工程优化领域，遗传算法已被证明是解决复杂设计和决策问题的有效工具。例如，在燃料电池设计中，遗传算法可以优化电池的结构和操作参数，以提高能效和降低成本。遗传算法在网络设计、软件工程、机器学习参数调整等领域也有广泛应用，它通过提供创新的解决方案，帮助设计者超越传统设计思维的局限。在燃料电池系统中，遗传算法可用于优化燃料电池的设计和操作参数，如电极结构、电流密度和温度控制。这种优化可以提高燃料电池的能效和性能，降低系统的整体运行成本。遗传算法特别适合处理这类优化问题，因为燃料电池系统的性能响应往往非线性且具有多变量，传统优化方法难以达到全局最优。使用遗传算法可以在设计初期阶段自动探索和评估大量可能的配置组合，找到最佳解决方案，从而实现系统性能的最大化。

遗传算法因其在处理具有多个局部最优解的复杂问题中展现出的强大全局搜索能力而备受青睐。它不仅能够发现传统方法难以寻找的解决方案，还能在动态变化的环境中不断适应和优化，从而为现代工程问题提供了一种灵活且强大的解决策略。

7.2　燃料电池供氢系统控制设计

质子交换膜燃料电池氢气供应系统是十分复杂的非线性系统，为了保证其运行的稳定性、高效性和安全性，需要对系统输入量进行相应的控制，以维持稳定的阳极压力与氢气计量比，防止因反应物缺失或者阳极压力波动而对电堆造成损伤，最终损坏质子交换膜。因此，良好的控制策略不仅可以提高电堆输出性能，还能延长电堆的使用寿命。

本案例首先搭建了面向控制的供氢系统状态方程，设计了 PID 控制器。为更好地预测非线性系统的输出特性，设计了基于免疫遗传算法优化的 BP 神经网络-MPC 预测控制器，其中，BP 神经网络具有优秀的非线性映射能力，而免疫遗传算法（IGA）则可以优化其中潜在的训练效果不佳或者过拟合的问题。使用神经网络预测系统状态，通过 MPC 滚动优化得到系统未来有限时域的最优控制量，以更好地协调氢气循环泵与喷射器并联工作状况，表现出更佳的控制效果。

首先建立供氢系统，我们需要建立氢循环泵的数学模型，根据循环泵转动惯量 J_{cp}，可描述氢气循环泵的工作动态，表达式如下：

$$J_{cp} \times \frac{\mathrm{d}\omega_{cp}}{\mathrm{d}t} = \tau_{cm} - \tau_{cp} \tag{7.19}$$

式中：J_{cp} 为转子和旋转部分的转动惯量，kg・m²；ω_{cp} 为桨叶转速，rad/s；τ_{cm} 为电机输入转矩，N·m，按 $\tau_{cm} = \eta_{cm} \dfrac{k_t}{R_{cm}} (u_{bl} - k_v \omega_{cp})$ 计算，其中 u_{bl} 为循环泵电压；τ_{cp} 为桨叶驱动转矩，

N·m，根据 $\tau_{cp} = \dfrac{c_p}{\omega_{cp}} \times \dfrac{W_{cp} T_{atm}}{\eta_{cp}} \left[\left(\dfrac{P_{sm}}{P_{atm}} \right)^{\frac{\gamma-1}{\gamma}} - 1 \right]$ 计算，其中 c_p 为氢气比热容。

基于前几章的燃料电池机理模型，对系统中不涉及本书研究重点的变量进行了面向控制简化，搭建了质子交换膜燃料电池氢气供应系统状态模型：

$$
\begin{cases}
\dfrac{dm_{H_2}}{dt} = W_{an,in} y_{H_2,in} - W_{H_2} n_{pump} \dfrac{m_{H_2}}{m_{H_2} + m_{v,an}} - \dfrac{IN_{cell}}{2F} M_{H_2} \\[2mm]
\dfrac{dP_{sm}}{dt} = \dfrac{\left(1 + \dfrac{M_v}{M_{H_2}} \dfrac{P_{v,in}}{P_{H_2,in}}\right) u_{fcv} W_{fcv,max} - k_{sm,out} \times \left(P_{an,in} - \dfrac{R_v T_{st}}{V_{an}} \dfrac{m_{v,an}}{M_{H_2O}} + \dfrac{R_{H_2} T_{st}}{V_{an}} \dfrac{m_{H_2}}{M_{H_2}} \right)}{M} \dfrac{RT_{sm}}{V} \\[2mm]
\dfrac{d\omega_{cp}}{dt} = \dfrac{\left\langle \eta_{cm} \dfrac{k_t}{R_{cm}} (u_{bl} - k_v \omega_{cp}) - \dfrac{c_p}{\omega_{cp}} \dfrac{W_{cp} T_{atm}}{\eta_{cp}} \left[\left(\dfrac{P_{sm}}{P_{atm}} \right)^{\frac{\gamma-1}{\gamma}} - 1 \right] \right\rangle}{J_{cp}}
\end{cases}
$$

$$(7.20)$$

式中：下标"sm"代表供给管道相关参数；下标"fcv"代表比例阀开度相关参数。

根据式(7.20)，在案例控制器设计中，设阴极空气供给控制稳定且压力恒定，以氢气循环泵电压控制信号和比例阀开度控制信号 u_{fcv} 为控制输入量，氢气化学计量比 S_{H_2} 和阴阳极压差 ΔP 为控制目标，负载电流 I_{st} 为干扰，搭建非线性系统状态方程：

$$
\begin{cases}
\dot{x} = f_x(x, u, w) \\
x = [m_{H_2,an}, P_{sm}, \omega_{cp}]^T \\
u = [u_{bl}, u_{fcv}]^T \\
w = [I_{st}]^T \\
y = [V_{st}, W_{st}, P_{an,in}]^T \\
z = [\Delta P, S_{H_2}]^T
\end{cases}
$$

$$(7.21)$$

式中：u 为输入控制量；z 为控制目标量；w 为运行干扰量；y 为系统输出量；V_{st}、W_{st} 分别表示电堆输出电压与功率。

7.2.1 供氢系统 PID 控制器设计

在 PID 控制器设计中，以在负载变化时维持电堆阴阳极压差和氢气化学计量比达到期望值为控制目标，选取 $[u_{bl}, S_{H_2}]$ 与 $[u_{fcv}, \Delta P]$ 两个独立的控制回路搭建 PID 控制器，其结构图如图 7-10 所示，控制算法见式(7.22)、式(7.23)。

$$u_{bl}(k) = k_{P_1} e_1(k) + k_{I_1} \sum_{i=0} e_1(i) + k_{D_1} [e_1(k) - e_1(k-1)] \tag{7.22}$$

$$u_{fcv}(k) = k_{P_2} e_2(k) + k_{I_2} \sum_{i=0} e_2(i) + k_{D_2} [e_2(k) - e_2(k-1)] \tag{7.23}$$

式中：$u_{bl}(k)$ 为 k 时刻循环泵电压控制信号；$u_{fcv}(k)$ 为 k 时刻比例阀开度控制信号；$e_1(k)$ 为 k 时刻氢气化学计量比 S_{H_2} 期望值与实际值的偏差；$e_2(k)$ 为 k 时刻阴阳极压差 ΔP 期望值与实际值的偏差。

在实际工作环境中，质子交换膜燃料电池最优氢气化学计量比与阴阳极压差往往根据电堆设计、操作工况和耐久性的不同而异，典型氢气化学计量比通常在 $1.1 \sim 2.0$，而 1×10^4

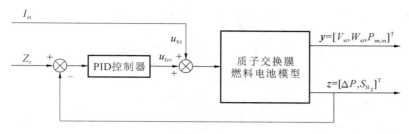

图 7-10　PID 算法控制结构图

Pa 的压强差被认为是一个有效参考值,旨在平衡气体输送效率和质子交换膜稳定性。因此,假设阴极压力控制良好且稳定在 1.1×10^5 Pa,设定控制期望阴阳极压差和氢气化学计量比的参考值分别为 1×10^4 Pa 和 1.5。

7.2.2　PID 控制器仿真结果分析

在质子交换膜燃料电池运行过程中,当负载电流出现瞬态阶跃变化时,若氢气供应系统不能很好地响应电堆的需求变化,可能导致"氢饥饿"而使得电堆输出性能下降的不利情况出现,甚至缩短质子交换膜燃料电池的使用寿命。因此,本节通过加入较大幅度的负载阶跃变化信号,如图 7-11 所示,以验证 PID 控制器的有效性。

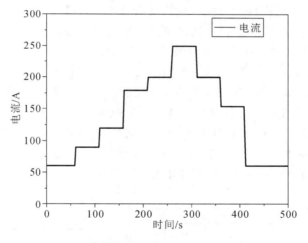

图 7-11　负载电流阶跃输入曲线变化图

由图 7-12(a)可以发现,氢气化学计量比在初始时首先随着电堆运行而逐渐增大至期望值 1.5 附近,由于电流负载的阶跃变化,其值出现振荡但最终可以企稳;同时,由图 7-12(b)可以看到,压差的初始值不为 0,这是因为质子交换膜燃料电池在启动之前,阳极侧需要进行预加压,以保证系统在启动时有足够的压力来供应氢气,同时避免反应空气的反向扩散。可以看到,经过 PID 控制后阴阳极压差虽可以企稳至期望附近,但是整个系统存在一定的超调,其中启动阶段的最大超调接近 48 kPa,容易对质子交换膜造成损伤。综上所述,在 PID 控制下阴阳极压差与氢气化学计量比能够有效控制在期望附近,但控制效果仍有待进一步提高。

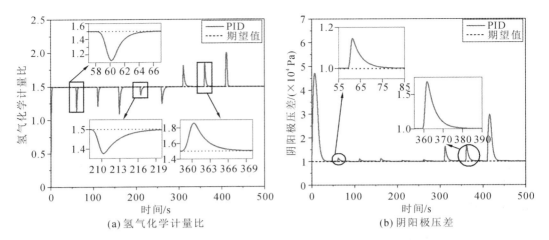

图 7-12　阶跃负载信号下质子交换膜燃料电池系统 PID 控制器仿真结果

7.2.3　NNMPC 控制器设计

神经网络模型预测控制(neural network-model predictive control,NNMPC)算法,结合了人工神经网络与模型预测控制算法思想,利用神经网络拟合复杂非线性函数的特点,实现了对复杂系统动态行为更准确的捕捉。在控制器设计上,以被控系统的输入值、输出值为数据源,训练网络学习系统的动态特性,通过调整神经网络的参数来建立系统的非线性映射关系,并将神经网络模型作为 MPC 的预测模型,最终搭建了 NNMPC 控制器。

NNMPC 控制过程依赖于神经网络模型的自适应学习和模型预测控制的实时反馈,以更好地适应系统的动态变化。在氢气循环泵与喷射器并联的氢气供应系统应用场景中,在低负载工况时,喷射器的工作效率较低,此时 MPC 将输入权重关系表述为优化问题,协调控制比例阀开度控制信号 u_{fcv} 与循环泵电压控制信号 u_{bl},进而综合调节阳极压力并优化氢气供应;在高负载工况时,喷射器的工作效率可满足大部分流量变化需求,此时根据控制目标,循环泵控制电压信号 u_{bl} 则起主要调节作用。NNMPC 算法控制结构图如图 7-13 所示。

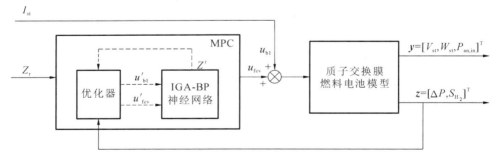

图 7-13　NNMPC 算法控制结构图

基于前文搭建的 IGA-BP 神经网络模型,燃料电池控制系统可表示为

$$x(k+1) = f(x(k),u(k)) \tag{7.24}$$

式中:$x(k)$ 为系统在 k 时刻的状态;$u(k)$ 为系统在 k 时刻的控制输入。

鉴于模型的非线性特性,使用有限控制集(finite control set,FCS)在线优化求解器,这样可以不直接优化连续控制变量,而是在有限的控制集合中进行搜索以找到最佳控制动作。

此外,燃料电池氢气供应系统存在多种物理和操作约束,FCS-MPC 能够在优化过程中直接考虑这些约束,并配合闭环约束在线优化控制策略,使 MPC 能够实时处理系统约束,适应系统变化和外部扰动。基于在线优化和闭环反馈,MPC 能够提供良好的系统输出性能,同时确保所有的系统约束得到满足。在 FCS-MPC 框架下,系统约束应满足下式:

$$
\begin{cases}
\boldsymbol{x}(k+1) = f(\boldsymbol{x}(k),\boldsymbol{u}(k)), & k = 0,1,\cdots,N-1 \\
g(\boldsymbol{x}(k),\boldsymbol{u}(k)) \leqslant 0, & k = 0,1,\cdots,N-1 \\
h(\boldsymbol{x}(k),\boldsymbol{u}(k)) = 0, & k = 0,1,\cdots,N-1 \\
\boldsymbol{u}(k) \in \boldsymbol{U}, & k = 0,1,\cdots,N-1 \\
\boldsymbol{x}(k) \in \boldsymbol{X}, & k = 0,1,\cdots,N-1 \\
\boldsymbol{x}(0) = \boldsymbol{x}_{\mathrm{init}}
\end{cases}
\tag{7.25}
$$

式中:g 为描述系统约束的不等式;h 为描述系统约束的等式;$\boldsymbol{U}$ 为控制输入集合;$\boldsymbol{X}$ 为系统状态可行集;$\boldsymbol{x}_{\mathrm{init}}$ 为系统在 $k=0$ 时刻的初始状态。

采用基于 FCS 的闭环约束在线优化控制策略,在每个采样时刻 k,定义 $\hat{\boldsymbol{x}}(k+i|k)$ 和 $\boldsymbol{u}(k+i|k)$ 分别为预测第 $k+i$ 时刻的预测状态和预测输入序列,建立优化目标 J,见式(7.26),该式包含了跟踪误差的二次项和控制输入变化的二次项,可以平衡跟踪参考轨迹的性能与控制输入的平滑性。

$$
\min_{\Delta u(k),\Delta u(k+1),\cdots,\Delta u(k+N-1)} J = \sum_{i=0}^{N-1}\left[\Delta\hat{\boldsymbol{x}}(k+i\mid k)^{\mathrm{T}}\boldsymbol{Q}\Delta\hat{\boldsymbol{x}}(k+i\mid k) + \Delta\boldsymbol{u}(k+i\mid k)^{\mathrm{T}}\boldsymbol{R}\Delta\boldsymbol{u}(k+i\mid k)\right]
$$
$$
+ \Delta\hat{\boldsymbol{x}}(k+N\mid k)^{\mathrm{T}}\boldsymbol{P}\Delta\hat{\boldsymbol{x}}(k+N\mid k)
\tag{7.26}
$$

式中:J 为代价函数;$\boldsymbol{u}$ 为预测输入;$\hat{\boldsymbol{x}}$ 为预测状态;$\Delta\hat{\boldsymbol{x}}$ 为预测状态与期望轨迹间的误差,$\Delta\hat{\boldsymbol{x}}=\hat{\boldsymbol{x}}-\boldsymbol{r}$,其中 $\boldsymbol{r}$ 为期望状态;$\Delta\boldsymbol{u}$ 为预测输入与期望平衡点输入间的偏差,$\Delta\boldsymbol{u}=\boldsymbol{u}-\boldsymbol{u}_{\mathrm{r}}$,其中 $\boldsymbol{u}_{\mathrm{r}}$ 为期望平衡点输入;N 为预测状态和预测输入时域;$\boldsymbol{P}$ 为终端代价函数权重矩阵。

同时,定义预测状态权重矩阵 $\boldsymbol{Q}$ 和可控制输入权重矩阵 $\boldsymbol{R}$ 如下:

$$
\boldsymbol{Q} \stackrel{\mathrm{def}}{=} \mathrm{diag}(Q_1,Q_2,\cdots,Q_j)
\tag{7.27}
$$
$$
\boldsymbol{R} \stackrel{\mathrm{def}}{=} \mathrm{diag}(R_1,R_2,\cdots,R_l)
\tag{7.28}
$$

式中:Q_j 为预测控制状态第 j 个分量误差的加权因子,值越大表明预测控制状态越接近期望轨迹;R_l 为可控制输入第 l 个分量的加权因子,值越大表明可控制输入越接近期望平衡点输入 $\boldsymbol{u}_{\mathrm{r}}$。

在优化问题式(7.26)中添加系统约束和终端约束,见式(7.29)、式(7.30)和式(7.31)。

$$
\boldsymbol{u}(k+i\mid k) \in \boldsymbol{U} = [\boldsymbol{u}_{\min},\boldsymbol{u}_{\max}]
\tag{7.29}
$$
$$
\hat{\boldsymbol{x}}(k+i\mid k) \in \boldsymbol{X} = [\boldsymbol{x}_{\min},\boldsymbol{x}_{\max}]
\tag{7.30}
$$
$$
\Delta\hat{\boldsymbol{x}}(k+N\mid k) \in \boldsymbol{\Omega}
\tag{7.31}
$$

式中:$\boldsymbol{u}_{\min}$ 为系统输入的下界;$\boldsymbol{u}_{\max}$ 为系统输入的上界;$\boldsymbol{x}_{\min}$ 为系统状态约束的下界;$\boldsymbol{x}_{\max}$ 为系统状态约束的上界;$\boldsymbol{\Omega}$ 为系统终端状态约束集。

稳定性是控制器在实际应用中可靠运行的前提,为证明 NNMPC 系统的迭代可行性和闭环稳定性,首先给出以下假设。

假设 1:在期望点附近的终端状态约束集 $\boldsymbol{\Omega}$ 内,对系统进行小偏离线性化处理得到线性化矩阵 $\boldsymbol{A}$、$\boldsymbol{B}$,存在一个状态反馈矩阵 $\boldsymbol{K}$ 和一个正定矩阵 $\boldsymbol{P}$,满足如下里卡蒂方程:

$$
(\boldsymbol{A}+\boldsymbol{BK})^{\mathrm{T}}\boldsymbol{P}(\boldsymbol{A}+\boldsymbol{BK}) - \boldsymbol{P} \leqslant -(\boldsymbol{Q}+\boldsymbol{K}^{\mathrm{T}}\boldsymbol{RK})
\tag{7.32}
$$

假设 2：在 MPC 终端状态域内，基于状态反馈矩阵 K 的线性输入满足系统约束，且在控制过程初始阶段，存在一组可行控制输入序列满足所有系统约束，定义初始解为

$$\{\Delta u(0 \mid 0), \Delta u(1 \mid 0), \Delta u(2 \mid 0), \cdots, \Delta u(N-1 \mid 0)\} \qquad (7.33)$$

在迭代可行性方面，需证明在采样时间 k 时刻，存在如下一组可行控制输入序列：

$$\{\Delta u(k \mid k), \Delta u(k+1 \mid k), \Delta u(k+2 \mid k), \cdots, \Delta u(k+N-1 \mid k)\} \qquad (7.34)$$

根据假设 2，在采样时间 $k+1$ 时刻，满足如下一组可行控制输入序列：

$$\{\Delta u(k+1 \mid k), \Delta u(k+2 \mid k), \Delta u(k+3 \mid k), \cdots, \Delta u(k+N-1 \mid k), K\Delta \hat{x}(k+N \mid k)\} \qquad (7.35)$$

根据归纳法可证 NNMPC 系统是迭代可行的，证毕。

在闭环稳定性方面，定义李雅普诺夫函数如下：

$$V(k) = J^*(k) \qquad (7.36)$$

需证明 $J^*(k)$ 为采样时刻 k 处计算得到的最优代价函数。

根据迭代可行性和 $k+1$ 采样时刻的可行控制输入序列，可得：

$$\begin{aligned}
V(k+1) - V(k) &= J(k+1) - J^*(k) \\
&\leqslant \Delta \hat{x}(k+N \mid k)^{\mathrm{T}} P \Delta \hat{x}(k+N \mid k) \\
&\quad - \Delta \hat{x}(k+N \mid k)^{\mathrm{T}} (A+BK)^{\mathrm{T}} P (A+BK) \Delta \hat{x}(k+N \mid k) \\
&\quad + \Delta \hat{x}(k+N \mid k)^{\mathrm{T}} (Q+K^{\mathrm{T}}RK) \Delta \hat{x}(k+N \mid k) \\
&\quad - \Delta \hat{x}(k \mid k)^{\mathrm{T}} Q \Delta \hat{x}(k \mid k) - \Delta u(k \mid k)^{\mathrm{T}} R \Delta u(k \mid k) \qquad (7.37)
\end{aligned}$$

根据假设 1，进一步得到：

$$V(k+1) - V(k) \leqslant - \Delta \hat{x}(k \mid k)^{\mathrm{T}} Q \Delta \hat{x}(k \mid k) - \Delta u(k \mid k)^{\mathrm{T}} R \Delta u(k \mid k) \qquad (7.38)$$

即 $V(k+1) - V(k) \leqslant 0$，因此，可证明控制系统是李雅普诺夫稳定的，证毕。

综上所述，本案例以燃料电池氢气供应系统为研究对象，阴阳极压差和氢气化学计量比为控制目标，比例阀开度控制信号 u_{fcv} 和氢气循环泵电压控制信号 u_{bl} 为控制输入，给定控制期望，即阴阳极压差为 $1 \times 10^4 \mathrm{Pa}$ 和氢气化学计量比为 1.5。

7.2.4　基于阶跃信号变化的控制效果对比

为了验证 NNMPC 控制器的抗干扰能力，同样在仿真过程加入负载电流阶跃扰动信号（见图 7-11），并将控制结果与 PID 控制结果进行对比。图 7-14(a) 和 (b) 分别给出了阴阳极压差和氢气化学计量比的变化曲线，可以看出当电流发生突变时，PID 控制器和 NNMPC 控制器均可以在有限时间内收敛到期望值附近。由图 7-14(a) 可以看出，NNMPC 下的阴阳极压差最大超调在 30 kPa 以下，相较于 PID 控制，它可以更好地保护质子交换膜；同时，NNMPC 表现出更优的动态性能，如图 7-14(b) 中 58～66 s 区间，NNMPC 下的氢气化学计量比可以在 3.5 s 左右企稳，而 PID 控制则需要 8 s，证明了神经网络预测模型可以更好地捕捉燃料电池氢气供应系统模型的非线性特性，使得 NNMPC 控制器表现出更好的控制效果和鲁棒性。

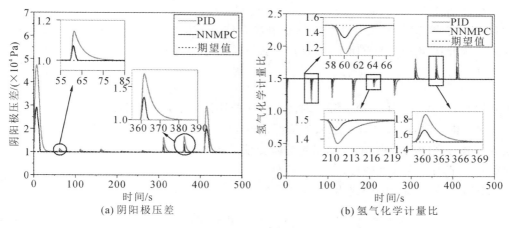

图 7-14　控制输出曲线对比图

7.3　燃料电池氧/空气供给系统控制设计

7.3.1　ADRC 控制原理

在燃料电池氧/空气供给系统中,最主要的执行对象是空压机和背压阀。有关文献表明无论是将空压机电压还是背压阀开度作为控制命令输入,都能影响阴极进气流量和阴极压力。因此对于强非线性、强耦合的质子交换膜燃料电池空气供给系统,需要设计一种合适的解耦控制策略。自抗扰控制(active disturbance rejection control,ADRC)作为解耦控制方法具有计算量小、对模型精度要求不高、鲁棒性好等特点。本节首先介绍 ADRC 基本组成结构和基于扰动抑制思想的解耦控制原理,然后选择 ADRC 作为空气供给系统的解耦控制方法,以实现对阴极流量和压力的分散控制。

韩京清研究员于 1995 年首次提出扩张状态观测器(extended state observer,ESO),随后在发扬 PID 控制优势和剖析其固有特点的基础上提出自抗扰控制技术。自抗扰控制(ADRC)主要思想是在扰动明显影响系统的最终输出前,主动提取输入/输出信号中的扰动信息,迅速采取控制行动以抑制扰动,进而有效减小其对被控变量的影响。ADRC 结构图如图 7-15 所示,主要由三部分组成:跟踪微分器(tracking differentiator,TD)、扩张状态观测器和非线性状态误差反馈(nonlinear state error feedback,NLSEF)控制律。

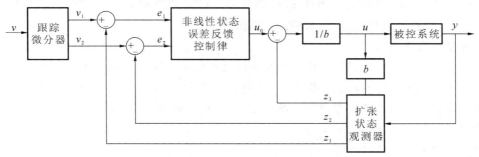

图 7-15　ADRC 结构图

1. 跟踪微分器

在 PID 控制理论中,微分环节需要获取误差信号的微分值,但往往在物理上又不能直接获取。因此在实际工程应用中,常使用下式计算微分的近似值:

$$Y(s) = W(s)V(s) = \frac{s}{\tau s + 1}v = \frac{1}{\tau}\left(v - \frac{v}{\tau s + 1}\right) \tag{7.39}$$

式中:最右边括号中的第二项实际是时间常数 τ 的惯性环节,当时间常数比较小且输入信号 $v(t)$ 变化不剧烈时,可以将该项近似为延迟信号 $v(t-\tau)$,进而用于计算微分近似值。但如果输入信号存在随机噪声 $n(t)$,则得到的微分信号会叠加上放大 $1/\tau$ 倍的噪声信号,也就是经典微分环节的噪声放大效应。

微分环节噪声放大的公式为

$$y(t) \approx \frac{1}{\tau}\left[v(t) - v(t-\tau) + n(t)\right] \approx \dot{v}(t) + \frac{1}{\tau}n(t) \tag{7.40}$$

为避免微分信号被噪声污染和难以获取的问题,韩京清研究员提出跟踪微分器,结构见图 7-15,$v(t)$ 是输入信号,经过跟踪微分器处理,输出 $v(t)$ 信号的跟踪信号 $v_1(t)$ 和 $v_1(t)$ 的微分 $v_2(t)$。

推广到高阶系统,有

$$\begin{cases} \dot{x}_1 = x_2 \\ \quad \vdots \\ \dot{x}_{n-1} = x_n \\ x_n = f(x_1, x_2, \cdots, x_n) \end{cases} \tag{7.41}$$

当满足 $t \to \infty$ 时,其所有解 $x_i(t) \to 0$,$i=1,2,\cdots,n$,则对任意有界可积分信号 $v(t)$ 和任意 $T>0$,以下微分方程

$$\begin{cases} \dot{v}_1 = v_2 \\ \quad \vdots \\ \dot{v}_{n-1} = v_n \\ \dot{v}_n = r^2 f\left(v_1 - v, \dfrac{v_2}{r}, \cdots, \dfrac{v_n}{r^{n-1}}\right) \end{cases} \tag{7.42}$$

中的第一个解 $v_1(t)$ 满足:

$$\lim_{r \to \infty} \int_0^T |v_1(t) - v(t)| \, \mathrm{d}t = 0 \tag{7.43}$$

上述结论说明,随着参数 r 的增大,$v_1(t)$ 在任意有限时间内都能充分逼近输入信号 $v(t)$,进而可以把 $v_1(t)$ 的微分当作 $v(t)$ 的微分。该定理提出后,一些学者通过修改函数 $f(x_1, x_2, \cdots, x_n)$ 提出许多不同形式的跟踪微分器。

2. 扩张状态观测器

ESO 是 ADRC 的关键要素,用于实时估计潜在的未建模动态特性和外部干扰等综合不确定性。将系统未知建模动态看作内扰,内扰和外扰带来的系统误差看作总扰动,而 ESO 的基本思想就是将总扰动扩张成一个新状态变量,然后利用输入、输出信号观测出包含原有状态变量与总扰动的全部系统状态。

对于一个 n 阶非线性系统:

$$y^n = f(y, \dot{y}, \cdots, y^{n-1}, w, u) + bu \tag{7.44}$$

式中：y 表示系统输出；w 表示外部扰动；u 表示系统输入；f 表示包含了外扰与内扰的总扰动，很多情况下是未知的；b 表示控制信号增益。

ADRC 的核心在于实时估计 f 并加以消除。选取状态变量 $x_1 = y, x_2 = \dot{y}, \cdots, x_n = y^{n-1}$，在此基础上定义一个扩张状态变量 $x_{n+1} = f$。假设总扰动 f 是连续可导的，定义其一阶微分 $\phi = \dot{f}$。扩张后的系统变为线性系统，即

$$\begin{cases} \dot{x}_1 = x_2 \\ \dot{x}_2 = x_3 \\ \quad \vdots \\ \dot{x}_n = x_{n+1} + bu \\ \dot{x}_{n+1} = \phi \\ y = x_1 \end{cases} \tag{7.45}$$

在此基础上，构造系统的非线性扩张状态观测器：

$$\begin{cases} \varepsilon = z_1 - y \\ \dot{z}_1 = z_2 - \beta_1 g_1(\varepsilon) \\ \dot{z}_2 = z_3 - \beta_2 g_2(\varepsilon) \\ \quad \vdots \\ \dot{z}_n = z_{n+1} - \beta_n g_n(\varepsilon) + bu \\ \dot{z}_{n+1} = -\beta_{n+1} g_{n+1}(\varepsilon) \end{cases} \tag{7.46}$$

式中：$z = [z_1, z_2, \cdots, z_{n+1}]^T$ 是状态观测量 x 的观测值 $\hat{x}$；$\beta_i (i = 1, 2, \cdots, n+1)$ 是用于调整的观测器增益参数；非线性函数 $g_i(\varepsilon)$ 需要满足 $g_i(0) = 0$，且当 $\varepsilon \neq 0$ 时有 $\varepsilon g_i(\varepsilon) > 0$。选取连续幂函数 $\mathrm{fal}(\varepsilon, \alpha, \delta)$ 作为非线性函数，其在原点附近具有线性段特性，遵循"大误差，小增益；小误差，大增益"的数学拟合原则，可使观测值快速逼近状态量，具体计算公式如下：

$$\mathrm{fal}(\varepsilon, \alpha, \delta) = \begin{cases} \dfrac{\varepsilon}{\delta^{1-\alpha}} \\ \mathrm{sign}(\varepsilon) |\varepsilon|^\alpha \end{cases} \tag{7.47}$$

式中：ε 为输入误差；α 为 fal 函数的非线性度，满足 $0 < \alpha < 1$，值越小 fal 函数的非线性越高；δ 为线性段的区间长度，一般取仿真步长的整数倍。

7.3.2　供氧双 ADRC 控制器设计

理想的燃料电池空气供给系统的控制策略是希望通过空压机控制阴极流量，通过背压阀控制阴极压力，但流量和压力的耦合关系加大了控制器设计难度，而多输入多输出（MIMO）系统的解耦控制问题一直是控制理论界和工程界都需寻求解决方案的重要问题。用不需要精确数学模型、具有较强鲁棒性和抗扰动能力的 ADRC 解决多变量系统的解耦问题是一种可行选择。假设多变量系统的输入和输出数量都为 m，可以将其分解为 m 个单输入单输出（single-input single-output，SISO）系统通道。为每个通道独立开发自抗扰控制器，每个 ESO 将其他通道的控制信号对自身通道的干扰视为扰动，然后在自身通道的误差反馈控制中消除这些耦合干扰，从而将耦合关系转化成干扰抑制问题。

假设一个 m 输入 m 输出系统：

$$\begin{cases} y_1^{(n_1)} = p_1(\boldsymbol{\vartheta}_1, \boldsymbol{\vartheta}_2, \cdots, \boldsymbol{\vartheta}_m, u) + w_1 + b_{11}u_1 \\ y_2^{(n_2)} = p_2(\boldsymbol{\vartheta}_1, \boldsymbol{\vartheta}_2, \cdots, \boldsymbol{\vartheta}_m, u) + w_2 + b_{22}u_2 \\ \qquad\qquad\qquad\vdots \\ y_m^{(n_m)} = p_m(\boldsymbol{\vartheta}_1, \boldsymbol{\vartheta}_2, \cdots, \boldsymbol{\vartheta}_m, u) + w_m + b_{mm}u_m \end{cases} \tag{7.48}$$

式中：y_i 和 $u_i (i=1,2,\cdots,m)$ 分别是系统的输出和输入；p_i 是系统内部建模动态，包含其他通道的耦合干扰；w_i 是第 i 个通道的外部扰动；b_{ii} 是被控对象的增益参数；ϑ_i 和 u 定义如下：

$$\begin{aligned} \boldsymbol{\vartheta}_1 &= \left[y_1^{(n_1-1)}(t), y_1^{(n_1-1)}(t), \cdots, y_1(t) \right] \\ \boldsymbol{\vartheta}_2 &= \left[y_2^{(n_2-1)}(t), y_2^{(n_2-1)}(t), \cdots, y_2(t) \right] \\ &\qquad\qquad\vdots \\ \boldsymbol{\vartheta}_m &= \left[y_m^{(n_m-1)}(t), y_m^{(n_m-1)}(t), \cdots, y_m(t) \right] \\ \boldsymbol{u} &= \left[u_1(t), u_2(t), \cdots, u_m(t) \right] \end{aligned} \tag{7.49}$$

定义 f_i 表示第 i 个通道系统动态 p_i 和外部干扰 w_i 的总影响，$b_{0,ii}$ 是对增益参数 b_{ii} 的估计值，则式(7.48)可改写为

$$\begin{cases} y_1^{n_1} = f_1 + b_{0,11}u_1 \\ y_2^{n_2} = f_2 + b_{0,22}u_2 \\ \qquad\vdots \\ y_m^{n_m} = f_m + b_{0,mm}u_m \end{cases} \tag{7.50}$$

引入 ADRC 后，系统控制量之外的"动态耦合"部分 f_i 可以被 ESO 从输入输出数据中实时估计出来，从而无须考虑对 f_i 的数学描述。因此，系统第 i 个通道构成单输入单输出关系，系统的动态耦合作用被当作各通道总扰动予以估计补偿。

基于以上理论分析，针对强非线性、强耦合的两输入两输出空气供给系统，可以在空压机电压输入和过氧比输出的通道之间嵌入一个 ADRC 控制器，在背压阀节气门开度和阴极压力输出的通道之间嵌入另一个 ADRC 控制器。在双 ADRC 控制策略下，流量和压力的耦合干扰以及系统外部扰动转换为各自通道 ESO 估计的总扰动，然后在各自 NLSEF 控制律中补偿消除，进而实现系统的动态解耦。下面给出两通道的 ADRC 控制器设计过程，其中下标 $i=1,2$，分别表示流量通道和压力通道的 ADRC 控制器。

设计的离散化二阶 TD 如下：

$$\begin{cases} \mathrm{fh} = \mathrm{fhan}(v_{1,i}(k) - v_i(k), v_{2,i}(k), r_i, h_{0,i}) \\ v_{1,i}(k+1) = v_{1,i}(k) + hv_{2,i}(k) \\ v_{2,i}(k+1) = v_{2,i}(k) + h\mathrm{fh} \end{cases} \tag{7.51}$$

式中：v_i 是参考输入，v_1 表示过氧比期望值，v_2 表示阴极压力期望值；r_i 是 TD 的速度因子，若 r_i 小，则 TD 的输出 $v_{1,i}$ 比较光滑地跟踪参考输入 v_i，可以用于安排过渡过程，若 r_i 大则 $v_{1,i}$ 更接近原始输入，有棱有角，且跟踪速度越快；h 是离散信号的采样周期，取小值有助于抑制噪声；$h_{0,i}$ 是滤波因子，取大值有利于滤波，一般取为 h 的整数倍。$\mathrm{fhan}(v_1-v, v_2, r, h_0)$ 是最速控制综合函数，计算如下：

$$\begin{cases}
d = rh_0 \\
d_0 = rh_0^2 \\
y = v_1 - v + h_0 v_2 \\
a_0 = \sqrt{d^2 + 8r|y|} \\
a = \begin{cases} v_2 + \dfrac{(a_0 - d)}{2}\mathrm{sign}(y), & |y| > d_0 \\ v_2 + \dfrac{y}{h_0}, & |y| \leqslant d_0 \end{cases} \\
\mathrm{fhan} = \begin{cases} -r\,\mathrm{sign}(a), & |a| > d \\ -r\,\dfrac{a}{d}, & |a| \leqslant d \end{cases}
\end{cases} \tag{7.52}$$

设计的离散化三阶 ESO 如下：

$$\begin{cases}
\varepsilon_i = z_{1,i}(k) - y_i(k) \\
z_{1,i}(k+1) = z_{1,i}(k) + h[z_{2,i}(k) - \beta_{1,i}\varepsilon_i] \\
z_{2,i}(k+1) = z_{2,i}(k) + h[z_{3,i}(k) - \beta_{2,i}\mathrm{fal}(\varepsilon_i, \alpha_{1,i}, \delta_i) + b_i u_i] \\
z_{3,i}(k+1) = z_{3,i}(k) - h\beta_{3,i}\mathrm{fal}(\varepsilon_i, \alpha_{2,i}, \delta_i)
\end{cases} \tag{7.53}$$

式中：y_i 表示系统输出，即 y_1 表示系统过氧比，y_2 表示系统阴极压力；u_i 表示系统输入，即 u_1 表示空压机电压，u_2 表示背压阀开度。

因为 ESO 可以估计扰动信息，所以设计的 NLSEF 控制律可以不用误差积分信号，只使用误差信号 ε_1 和误差微分信号 ε_2：

$$u_{0,i} = k_{1,i}\mathrm{fal}(\varepsilon_{1,i}, \alpha_{1,i}, \delta_i) + k_{2,i}\mathrm{fal}(\varepsilon_{2,i}, \alpha_{2,i}, \delta_i) \tag{7.54}$$

图 7-16 是所提出的将滑模微分观测器和自抗扰控制相结合的空气供给系统 ADRC 控制框图。其中，滑模微分观测器用于实时估计不可测的阴极压力并计算得到系统过氧比。在此基础上，将两个独立的 ADRC 控制器引入系统流量和压力两个通道中分别进行控制。具体控制过程如下：先将随负载电流变化的过氧比和阴极压力期望值输入 TD 中，实现微分信号的有效获取并安排适当的过渡过程来减小系统控制目标突变而造成的大幅度超调，然后将 ESO 估计的包含耦合干扰的系统总扰动补偿到控制量中，结合 NLSEF 控制律的误差反馈最终得到系统的两个控制量，削弱空气供给系统流量和压力的耦合作用并改善控制效果。

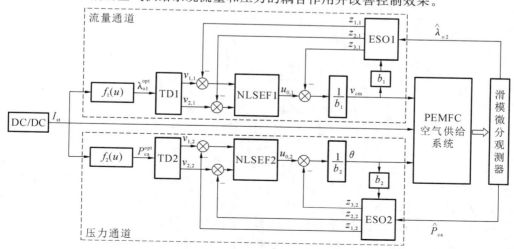

图 7-16　质子交换膜燃料电池空气供给系统 ADRC 控制框图

7.3.3 ADRC 控制器仿真结果分析

依据经验选取的 ADRC 控制器相关参数如下:

$r_1 = 500, h_{0.1} = 0.01, \boldsymbol{\beta}_1 = [1000, 3000, 4000], b_1 = 3, \boldsymbol{k}_1 = [200, 30], \delta_1 = 0.03, \boldsymbol{\alpha}_1 = [0.5, 0.25]; r_2 = 10^6, h_{0.2} = 0.03, \boldsymbol{\beta}_2 = [1500, 10000, 40000], b_2 = -10^5, \boldsymbol{k}_2 = [2000, 100], \delta_2 = 40, \boldsymbol{\alpha}_2 = [0.5, 0.25]$。

为验证空气供给系统 ADRC 控制策略的解耦效果,在 MATLAB/Simulink 平台搭建 ADRC 控制器。设置仿真步长 h 为 0.001,负载电流恒定为 180 A,然后分别设定空气供给系统不同的流量和压力需求:在 10~15 s 时间区间,令过氧比需求从 2 变化到 2.5,之后再恢复到 2;在 20~25 s 时间区间,令阴极压力需求从 180 kPa 变化到 200 kPa,之后再恢复到 180 kPa。图 7-17 和图 7-18 分别展示了系统过氧比和阴极压力的期望值以及未解耦控制、ADRC 控制下的仿真数据,其中未解耦控制是在流量和压力两通道中使用 PID 控制器代替 ADRC 控制器实现的。

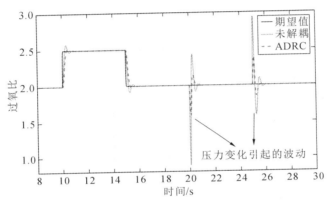

图 7-17　过氧比变化

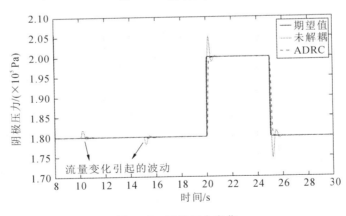

图 7-18　阴极压力变化

结果表明:当阴极流量(过氧比)发生变化时,会引起阴极压力的波动;当阴极压力发生变化时,也会引起阴极流量(过氧比)的波动。未解耦控制是在流量和压力两通道上分别使用经典误差反馈 PID 控制器,无法解决流量和压力的耦合问题,波动较大。使用 ADRC 控制策略进行解耦后,两通道之间的耦合作用被视作干扰,被扩张状态观测器观测并在反馈中予以补偿,因此削弱了彼此之间的相互干扰,能在较小的波动下迅速恢复到期望值。以第 20 秒发生的压力阶跃变化为例,未解耦时过氧比波动的超调量为 55.7%,调节时间约为 1 s,ADRC 控制下过氧比波动的超调量为 20.7%,调节时间约为 0.6 s。

7.4　燃料电池热管理系统控制设计

因为燃料电池的产热主要是由冷却液带走的,所以控制器的控制对象就是散热器风扇转速和循环水泵转速,改变循环水泵转速会改冷却水流速,从而改变燃料电池和冷却液之间的换热量,如维持入口水温不变,则出口水温要相应地发生变化;而散热器风扇转速的改变会改变散热器中耗散的热量,进而增大温降,改变入口水温。综合这几个因素,该系统的设计主要考虑如下几点:

(1) 燃料电池的工作温度维持在 60~80 ℃,设定稳态工况下燃料电池的入口水温维持在 65 ℃。

(2) 燃料电池应该能尽快升温达到控制目标温度,达到目标温度后能稳定在该目标温度附近,误差不超过 3 ℃。

(3) 燃料电池的出入口水温温差不能过大,不然会对燃料电池造成严重的损伤,也不能太小,太小会导致燃料电池的换热不足。对于本节所研究的某燃料电池系统,控制该系统在稳态工况下出入口水温温差为 10 ℃。

(4) 燃料电池在电流需求变化的情况下,能够通过改变循环水泵和散热器风扇的转速来快速响应燃料电池的散热需求。

7.4.1　热管理控制策略选择

本案例设计的 PID 控制策略采用了两个独立的 PID 控制器,分别控制散热器风扇和循环水泵的转速。控制器的输入量是燃料电池的出口水温和入口水温,控制目标是燃料电池的入口水温和出入口水温温差,输出(控制量)是散热器风扇的流量和循环水泵的流量,PID 控制原理框图如图 7-19 所示。

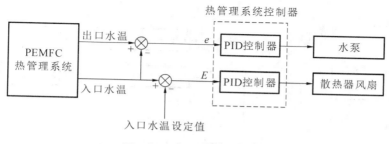

图 7-19　PID 控制原理框图

PID 控制策略在稳定的工况下具有不错的控制效果,但是当电流需求突然发生变化的时候,由于循环水泵转速和散热器风扇转速的控制具有一定的耦合性,这会导致两者的控制效果相互影响,使得最终控制效果达不到控制要求。针对这一问题,需要对 PID 控制策略进行一定的改进,除了利用燃料电池的电流和功率变化外,还可利用其他算法对控制器参数进行实时优化。PID 控制策略的主要问题发生在燃料电池进出口水温温差的波动上。为解决该问题,本节设计散热器风扇采用 PID 控制而循环水泵采用模糊控制加 PID 控制的控制策略。模糊控制方法于 1973 年成功地用于锅炉控制中。模糊控制的核心过程是将输入模糊化,然后基于一定的规则将模糊化的数据解变为新的输入。模糊控制器的原理图如图 7-20 所示。

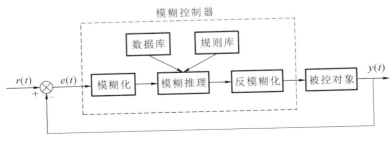

图 7-20　模糊控制器原理图

对于燃料电池热管理系统的循环水泵 PID 控制器来说,改进的思路是先根据实际的热管理经验设定模糊控制器的推理过程,再根据模糊推理规则输出比例系数、积分系数和微分系数的变化量,模糊 PID 控制原理图如图 7-21 所示。

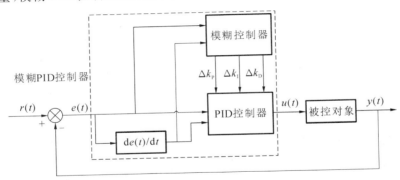

图 7-21　模糊 PID 控制原理图

改进后的热管理系统大体结构依旧不变,主要是循环水泵的控制器发生了改变,改进后的控制策略如图 7-22 所示。

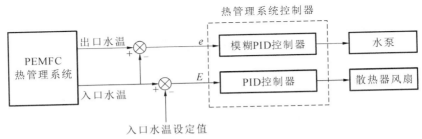

图 7-22　质子交换膜燃料电池热管理系统控制策略

7.4.2　热管理系统控制器设计

(1) PID 控制器设计:根据前文的分析,可以建立燃料电池热管理系统 PID 控制器的 Simulink 模型,除了 PID 的三个系数的设计外,该模型还使用了两个惯性环节来模拟水泵和散热器风扇的动态响应特性,其同为旋转机械,风扇的惯性要大于水泵,而水泵的增量更高。该模型还采用了两个系数来进行占空比和流量之间的关系转换,如图 7-23 所示。

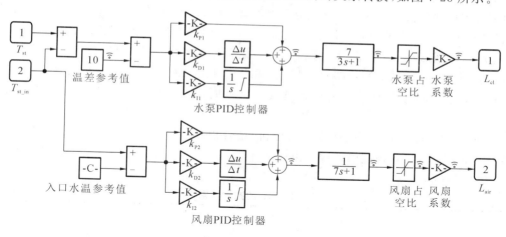

图 7-23　PID 控制器

(2) 模糊控制器设计:首先对输入量进行比例变化,使其符合模糊输入的值域要求,然后变换到模糊子集中,这样就构成一个模糊集合。对于输入的出入口水温温差和设定水温温差,有多种模糊化处理方式,本案例采用一种十分经典的处理方式,将输入量划分为七个模糊子集,即

$$e = \{NB,NM,NS,Z,PS,PM,PB\} \tag{7.55}$$

本案例的水温温差控制目标是 10 ℃,因此 e 的值域设定为 $[-10,10]$,而 e_c 根据实验数据设定为 $[-20,20]$,模糊论域设定为 $[-3,3]$,则

$$k_e = 0.3, \quad k_{e_c} = 0.15 \tag{7.56}$$

e、e_c 的模糊子集如图 7-24 所示。

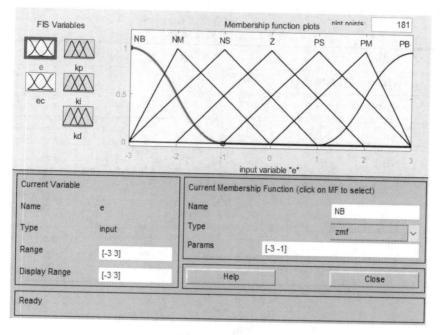

图 7-24　e、e_c 的模糊子集

下面来搭建模糊推理机。模糊推理机可以根据内部设置的推理规则进行搭建。下面我们根据燃料电池的温度变化特性来建立三个系数 Δk_P、Δk_I、Δk_D 的模糊规则库。在燃料电池启动阶段,当出入口水温温差与设定值差距较大而且温差变化率也较大时,应当增大水泵侧 Δk_P 和 Δk_I,限制 Δk_D。当出入口水温温差与设定值差距不大,但燃料电池电流输出发生变化,温差变化率较大时,应当保持水泵侧 Δk_P 和 Δk_I,减小 Δk_D。当出入口水温温差与设定值差距较大,但燃料电池系统产热与散热较为接近时,应该保持水泵侧 Δk_P,减小 Δk_I,增大 Δk_D。

根据燃料电池具体工况的温度特性分析,结合模糊推理机 Mamdani 的逻辑语言"if…and…then…"进行模糊规则的设计。由此设计的三个系数 Δk_P、Δk_I、Δk_D 的推理规则库如表 7-1～表 7-3 所示。

表 7-1　Δk_P 的推理规则库

e	e_c						
	NB	NM	NS	Z	PS	PM	PB
NB	PB	PB	PM	PM	PS	Z	Z
NM	PB	PB	PM	PS	PS	Z	NS
NS	PM	PM	PM	PS	Z	NS	NS
Z	PM	PM	PS	Z	NS	NM	NM
PS	PS	PS	Z	NS	NS	NM	NM
PM	PS	Z	NS	NM	NM	NM	NB
PB	Z	Z	NM	NM	NM	NB	NB

表 7-2　Δk_I 的推理规则库

e	e_c						
	NB	NM	NS	Z	PS	PM	PB
NB	NB	NB	NM	NM	NS	Z	Z
NM	NB	NB	NM	NS	NS	Z	Z
NS	NB	NM	NS	NS	Z	PS	PS
Z	NM	NM	NS	Z	PS	PM	PM
PS	NM	NS	Z	PS	PS	PM	PB
PM	Z	Z	PS	PS	PM	PB	PB
PB	Z	Z	PS	PM	PM	PB	PB

表 7-3　Δk_D 的推理规则库

e	e_c						
	NB	NM	NS	Z	PS	PM	PB
NB	PS	NS	NB	NB	NB	NM	PS
NM	PS	NS	NB	NM	NM	NS	Z
NS	Z	NS	NM	NM	NS	NS	Z
Z	Z	NS	NS	NS	NS	NS	Z
PS	Z	Z	Z	Z	Z	Z	Z
PM	PB	PS	PS	PS	PS	PS	PB
PB	PB	PM	PM	PM	PS	PS	PB

　　下一步我们需要反模糊化,通过反模糊化得到实际输出值。反模糊化是模糊化的反向过程,也需要设置模糊子集、模糊论域和隶属度函数。三个模糊输出 Δk_P、Δk_I、Δk_D 也采用七个模糊子集的划分方式:

$$e = \{NB, NM, NS, Z, PS, PM, PB\} \tag{7.57}$$

　　模糊论域的划分:Δk_P 为 $[-0.3, 0.3]$,Δk_I 为 $[-0.06, 0.06]$,Δk_D 为 $[-3, 3]$。

Δk_P、Δk_I、Δk_D 的模糊子集如图 7-25 所示。

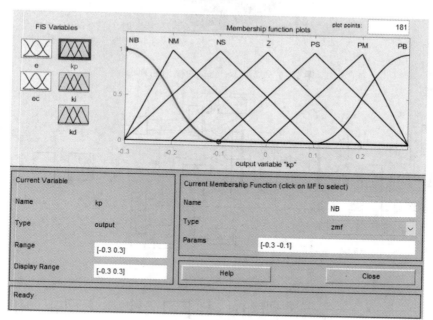

图 7-25　Δk_P、Δk_I、Δk_D 的模糊子集

　　利用最大隶属度平均法实现由模糊子集到真实值的输出:

$$v = \max \mu_v(v), \quad v \in V \tag{7.58}$$

式中:v 为模糊输出;V 为模糊论域。

　　由此,我们可以得到 Δk_P、Δk_I、Δk_D 这三个系数的输出曲面图,如图 7-26 所示。

　　最后将模糊控制器所得的三个系数反馈至 PID 设置的初始值,最终控制器如图 7-27 所示。

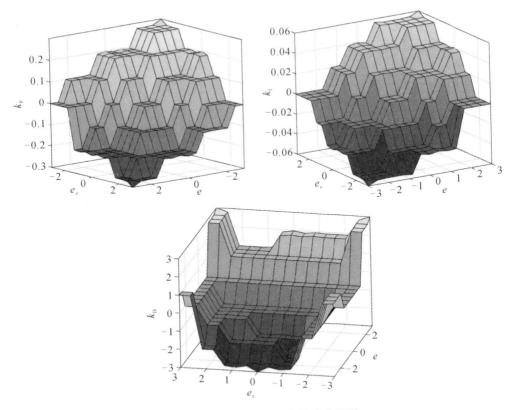

图 7-26　Δk_P、Δk_I、Δk_D 的输出曲面图

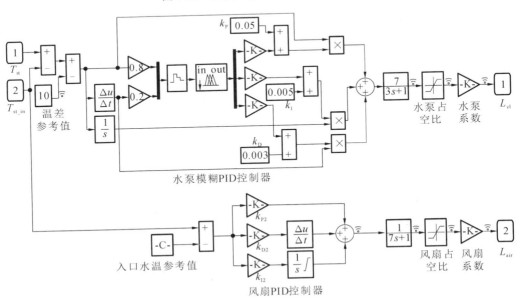

图 7-27　水泵模糊 PID 控制器和风扇 PID 控制器

7.4.3　热管理控制器仿真分析

基于研究的实车试验数据,设置如下的工况:先给定燃料电池电流输入一斜坡信号,当电流达到 50 A 时稳定运行至 600 s;此时电流需求增加,于是燃料电池电流阶跃至 170 A,然后稳定运行至 1200 s;接着电流需求再次增加,电流阶跃至 280 A,然后稳定运行至 1800 s;最后燃料电池电流需求减小,电流阶跃降到 160 A,然后稳定运行至 2400 s。质子交换膜燃料电池电流输入如图 7-28 所示。

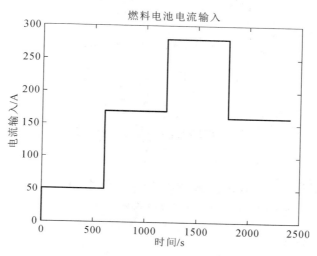

图 7-28　质子交换膜燃料电池电流输入

如图 7-29 所示,由燃料电池出入口水温仿真结果可知,PID 控制器和水泵模糊 PID 控制器都可以满足系统的控制需求,达到稳态工况下入口水温在 65 ℃附近,并保持出入口水温温差在 10 ℃。

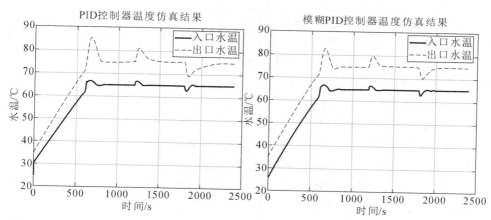

图 7-29　燃料电池出入口水温

如图 7-30 所示,由不同控制器水温控制效果对比仿真结果可知,模糊 PID 控制器和 PID 控制器在面对电流变化的时候,对燃料电池的入口水温的控制效果大体上一致,但两者在出口水温的控制效果上有一定的差异,模糊 PID 控制器的峰值温度为 82 ℃,PID 控制器的峰值温度为 84 ℃;燃料电池达到设定温度的响应快了 77.6 s。

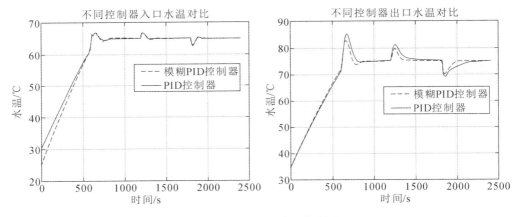

图 7-30　不同控制器水温控制对比

7.5　燃料电池故障诊断

　　燃料电池故障诊断通常可以采用电化学技术,如极化曲线、电化学阻抗谱分析以及循环伏安法,这些技术已广泛应用于燃料电池的故障诊断。

7.5.1　极化曲线

　　如前面章节所述,在一组稳定工作条件下电池电势与电流密度的曲线称为极化曲线,它是表征燃料电池性能(单个电池和电池组)的标准电化学技术。由极化曲线可得出工作条件下电池或电池组中性能损失的有关信息。

　　对于单个氢/空气燃料电池,理想的极化曲线包括三个主要区域,如图 7-31 所示。在电流密度较低(活化极化区域)时,电池电势呈指数下降,这些损耗的大部分是由于氧还原反应(ORR)动力学迟缓所引起的。在电流密度适中(欧姆极化区域)时,由欧姆电阻引起的电压损耗非常明显且主要来自电解液中的离子流电阻和通过电极的电子流电阻。在此区域中,电池电势随电流密度近似呈线性减小,而活化电势达到一个相对稳定值。在电流密度较高(浓度极化区域)时,由于通过气体扩散层(GDL)和催化层(CL)孔隙结构的反应气体的传输受极限约束,质量传输效应起主要作用,且电池性能急剧下降。图 7-31 还给出了理论电池电势(1.23 V)和热中性电压(1.4 V)之间的差值,这表示可逆条件下的功率损耗(可逆损耗)。在极化曲线上的每一点处将电势乘以电流密度,则可将极化曲线转换为功率密度与电流密度曲线。功率密度与电流密度的关系曲线可直接显示出电池额定功率和最大功率。

　　记录作为电池电势函数的电流或记录随电池电流变化的电池电势可得到稳态极化曲线。而非稳态极化曲线可利用快速电流扫描得到。反应气体流速可保持在一个足够高的稳定速率下以允许电池在最大电流密度下工作,或流速可在预设化学计量比下与电流密度呈正比变化。前者适用于快速扫描,而后者适用于慢速扫描,这是因为流量调节需要一定的时间。在流量变化之前改变电流会导致反应气体缺乏以及电池电势意外下降。

　　如果在电流增大和减小两个方向上记录极化曲线,则它会表现出滞后特性,即两条曲线彼此不会重合。这通常表明燃料电池中的膜水溢或干燥。例如,如果电池在阴极侧水溢,则

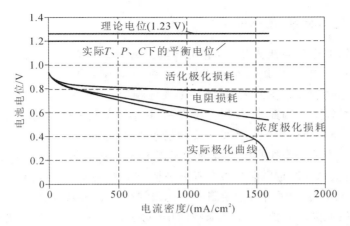

图 7-31　燃料电池电压损耗及极化曲线

电池在较高的电流密度下工作将会使得情况更糟,因为会产生更多的水。在燃料电池的电流减小时记录的极化曲线所显示的电压值低于电流增大时记录的极化曲线所显示的电压值。相反,如果电池在阴极侧脱水,则电流密度较高时额外产生的水将大有益处,它将使得反向极化曲线中的电池电势较高(见图 7-32)。燃料电池在阳极侧干燥或水溢时也会出现类似情况。通过测量极化曲线,我们可以系统地比较分析气体组分、流量、温度以及反应气体的相对湿度等待定参数对电池性能的影响。

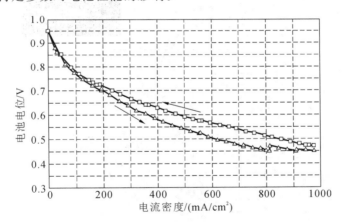

图 7-32　阴极干燥的燃料电池滞后极化曲线

(电池温度:80 ℃;氢/空气加湿温度:80/60 ℃;氢/氧化学计量比:1.5/5.0)

迄今为止,已经进行了一些建模研究来阐明质子交换膜燃料电池的电化学特性,并为此引入多个经验公式来模拟极化曲线。将实验结果与描述极化曲线的方程相拟合,可得到如可逆电池电势 V_i、视在交换电流密度 i_0、Tafel 斜率 b、电池电阻 R_i 或限制电流 i_L 等有关极化曲线参数的有用信息。

极化曲线提供了电池或作为整体的电池组的性能的相关信息。它尽管能够对特定工作条件下的电池总体性能提供有用信息,但不能提供电池内单个组件性能的有关信息。另外,在燃料电池正常工作期间无法测量极化曲线。除此之外,极化曲线还无法区分不同机制之间的差别,例如,在单一极化曲线中不能区分燃料电池是水溢还是干燥,也不能解决燃料电池和电池组中发生的时间相关过程。

7.5.2　电化学阻抗谱分析

与线性扫描法和电势阶跃法相反,电化学阻抗谱(EIS)方法对电池施加一个小的交流电压信号或电流扰动信号(已知幅值和频率),并作为频率函数来测量产生信号的幅值和相位。这可能需要通过较宽范围的频率(即一个大的频谱)不断重复。基本上,阻抗是衡量系统阻碍电流流动的能力。因此,EIS 是一种在短时间内分析各种极化损耗源的功能强大的技术,且近年来已经广泛应用于一些质子交换膜燃料电池研究中。图 7-33 给出了用于 EIS测试的典型电路。在质子交换膜燃料电池中常用 EIS 方法来研究氧还原反应(ORR),以表征传输(扩散)损耗、估计欧姆电阻以及电荷转移阻抗和双层电容等电极特性,并评估和优化膜电极组件(MEA)。阻抗频谱通常绘制成伯德图和奈奎斯特图的形式。在伯德图中,阻抗的幅值和相位绘制成频率函数;在奈奎斯特图中,对于每一个频率,系统的阻抗都会用一个复数来表示,且将阻抗的实部作为横轴,阻抗的虚部作为纵轴,然后将每个频率对应的阻抗值在图上标出。图 7-34 给出了具有两个电弧的奈奎斯特图形式的质子交换膜燃料电池典型阻抗频谱,此时频率从右向左增大。高频电弧反映了催化层的双层电容、有效电荷转移阻抗以及欧姆电阻的组合,其中,欧姆电阻可直接与由电流中断法测量得到的数据进行比较。低频电弧反映了由于质量传输限制而产生的阻抗。

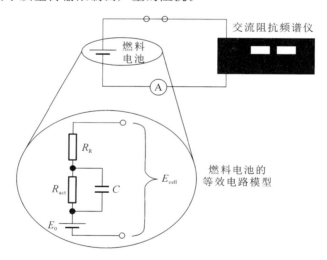

图 7-33　电化学阻抗谱测试的典型电路

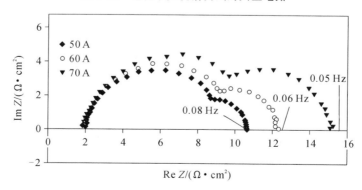

图 7-34　质子交换膜燃料电池的典型阻抗谱

7.5.3　循环伏安法

循环伏安(CV)法是一种用于燃料电池研究的常用现场方法,尤其在用于表征燃料电池催化剂活性时。已经证明现场循环伏安(CV)技术对于气体扩散电极电化学活性表面积(ECSA)的测量非常有效。这项技术将在两个电压极限之间来回扫描电池电势并同时记录电流,电压通常是随时间线性扫描,并将电流-电压曲线称为循环伏安曲线。

在进行燃料电池的 CV 测量时,在某一电极输入氢,该电极作为反电极和参考电极,具有动态氢电极(DHE)的功能;另一个电极用中性气体(或氮)来冲刷并作为工作电极。利用一个恒电势/恒电流进行循环伏安法测量,并记录不同电压扫描率下的循环伏安曲线。通常采用较低的扫描率(如 10 mV/s)来进行稳态条件下的测量。典型的燃料电池循环伏安曲线如图 7-35 所示。图 7-35 中,左侧的两个较小的氧化还原峰值作为吸附峰值和解吸峰值,分别对应于两种铂催化剂晶体表面上的氢吸附反应和解吸反应;右侧的两个不可逆峰值对应于铂催化剂表面的氧化物生成与还原反应。同时,图 7-35 还给出了正向和反向双层电流密度。

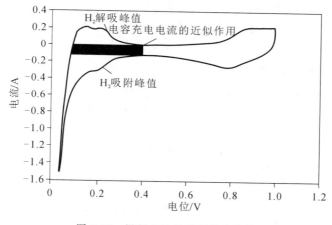

图 7-35　燃料电池的循环伏安曲线

参 考 文 献

[1] STEELE B C H,HEINZEL A. Materials for fuel-cell technologies[J]. Nature,2001,414:345-352.

[2] CHEN Q, ZHANG G B, ZHANG X Z, et al. Thermal management of polymer electrolyte membrane fuel cells:a review of cooling methods,material properties,and durability[J]. Applied Energy,2021,286:116496.

[3] 国际能源署,国际可再生能源署,联合国气候变化高层倡导者. 突破性议程报告 2023 [EB/OL]. https://iea. blob. core. windows. net/assets/5d2d0f90-b1b5-4b34-bd53-a48d5960ef60/THEBREAKTHROUGHAGENDAREPORT2023_Executivesummary_Chinese. pdf.

[4] BANHAM D W, SODERBERG J N, BIRSS V I. Pt/carbon catalyst layer microstructural effects on measured and predicted Tafel slopes for the oxygen reduction reaction [J]. The Journal of Physical Chemistry C, 2009, 113 (23): 10103-10111.

[5] MENG H,SHEN P K. Tungsten carbide nanocrystal promoted Pt/C electrocatalysts for oxygen reduction[J]. The Journal of Physical Chemistry B, 2005, 109 (48): 22705-22709.

[6] CANO-ANDRADE S, HERNANDEZ-GUERRERO A, VON SPAKOVSKY M R, et al. Current density and polarization curves for radial flow field patterns applied to PEMFCs (proton exchange membrane fuel cells)[J]. Energy,2010,35(2):920-927.

[7] WINTER C . The hydrogen energy economy—milestones[C]//Proceedings of the International Hydrogen Energy Forum,2004.

[8] 陈国钧,陈靓,戴国平,等. 氢燃料电池车耗氢量实时显示装置及其检测方法: CN201610539033.2[P]. 2016-11-16.

[9] 中国氢能联盟. 中国氢能源及燃料电池产业白皮书[EB/OL]. https://cms-qingneng. oss-cn-beijing. aliyuncs. com/qingnenggw/Uploads/2019/07/26/u5d3ab2c3f0762. pdf.

[10] SPRINGER T E,ZAWODZINSKI T A,GOTTESFELD S. Polymer electrolyte fuel cell model[J]. Journal of the Electrochemical Society,1991,138(8):2334.

[11] YEO S C, EISENBERG A. Physical properties and supermolecular structure of perfluorinated ion-containing polymers[J]. Journal of Applied Polymer Science, 1977,21:875-898.

[12] EISMAN G A. The application of Dow Chemical's perfluorinated membranes in proton-exchange membrane fuel cells[J]. Journal of Power Sources,1990,29(3-4):

389-398.

[13] MARAIS S,NGUYEN Q T,DEVALLENCOURT C,et al. Permeation of water through polar and nonpolar polymers and copolymers:determination of the concentration-dependent diffusion coefficient[J]. Journal of Polymer Science Part B: Polymer Physics,2000,38(15):1998-2008.

[14] VERBRUGGE M W,HILL R F. Ion and solvent transport in ion-exchange membranes:Ⅱ. A radiotracer study of the sulfuric—acid,nafion-117 system[J]. Journal of the Electrochemical Society,1990,137(3):886-893.

[15] WANG L,HUSAR A,ZHOU T H,et al. A parametric study of PEM fuel cell performances[J]. International Journal of Hydrogen Energy,2003,28(11): 1263-1272.

[16] NGUYEN T V,WHITE R E. A water and heat management model for proton-exchange-membrane fuel cells[J]. Journal of the Electrochemical Society,1993,140 (8):2178-2186.

[17] ZAWODZINSKI T A,NEEMAN M,SILLERUD L O,et al. Determination of water diffusion coefficients in perfluorosulfonate ionomeric membranes[J]. The Journal of Physical Chemistry,1991,95(15):6040-6044.

[18] SLADE S,CAMPBELL S A,RALPH T R,et al. Ionic conductivity of an extruded Nafion 1100 EW series of membranes[J]. Journal of the Electrochemical Society, 2002,149(12):A1556-A1564.

[19] LETEBA G M,WANG Y C,SLATER T J A,et al. Oleylamine aging of PtNi nanoparticles giving enhanced functionality for the oxygen reduction reaction[J]. Nano Letters,2021,21(9):3989-3996.

[20] CHUNG H T,CULLEN D A,HIGGINS D,et al. Direct atomic-level insight into the active sites of a high-performance PGM-free ORR catalyst[J]. Science,2017,357 (6350):479-484.

[21] 周斌,姚元英,李刘红. 质子交换膜燃料电池电堆与发电系统低温特性试验方法国家标准解析[J]. 中国标准化,2019(S01):212-217.

[22] 刘洁,王菊香,邢志娜,等. 燃料电池研究进展及发展探析[J].节能技术,2010,28(4): 364-368.

[23] CHEN Q,ZHANG G B,ZHANG X Z,et al. Thermal management of polymer electrolyte membrane fuel cells:a review of cooling methods,material properties,and durability[J]. Applied Energy,2021,286:116496.

[24] 梁宝臣,田建华. 质子交换膜燃料电池(PEMFC)的原理及应用[J]. 天津理工学院学报,2001,17(3):21-24.

[25] HISHINUMA Y,CHIKAHISA T,KAGAMF F,et al. The design and performance of a PEFC at a temperature below freezing[J]. JSME International Journal Series B Fluids and Thermal Engineering,2004,47(2):235-241.

[26] 顾天琪,孙宾宾. PEM 燃料电池零下低温启动研究现状[J]. 电池工业,2021(5): 266-270.

[27] HIRAMITSU Y,MITSUZAWA N,OKADA K,et al. Effects of ionomer content and

oxygen permeation of the catalyst layer on proton exchange membrane fuel cell cold start-up[J]. Journal of Power Sources,2010,195(4):1038-1045.

[28] BARRETT S. European fuel cells and hydrogen joint undertaking kickstarts 2010 action plan[J]. Fuel Cells Bulletin,2010,2010(7):12-16.

[29] 潘诚洁,潘明章. 质子交换膜燃料电池的冷启动特性与启动方法研究[D]. 南宁:广西大学,2022.

[30] AMAMOU A,KANDIDAYENI M,BOULON L,et al. Real time adaptive efficient cold start strategy for proton exchange membrane fuel cells[J]. Applied Energy, 2018,216:21-30.

[31] 潘浩. 质子交换膜燃料电池停机吹扫过程研究[D]. 北京:清华大学,2017.

[32] YAN Q G,TOGHIANI H,LEE Y-W,et al. Effect of sub-freezing temperatures on a PEM fuel cell performance,startup and fuel cell components[J]. Journal of Power Sources,2006,160(2):1242-1250.

[33] 戴海峰,袁浩,鱼乐,等. 质子交换膜燃料电池建模研究评述[J]. 同济大学学报:自然科学版,2020,48(6):880-889.

[34] ISHIKAWA Y,SHIOZAWA M,KONDO M,et al. Theoretical analysis of supercooled states of water generated below the freezing point in a PEFC[J]. International Journal of Heat and Mass Transfer,2014,74:215-227.

[35] JO A,LEE S,KIM W,et al. Large-scale cold-start simulations for automotive fuel cells[J]. International Journal of Hydrogen Energy,2015,40(2):1305-1315.

[36] YAO L,PENG J,ZHANG J,et al. Numerical investigation of cold-start behavior of polymer electrolyte fuel cells in the presence of super-cooled water[J]. International Journal of Hydrogen Energy,2018,43(32):15505-15520.

[37] TAJIRI K,TABUCHI Y,WANG C-Y. Isothermal cold start of polymer electrolyte fuel cells[J]. Journal of the Electrochemical Society,2006,154(2):B147.

[38] 曹起铭,闵海涛,孙维毅,等. 质子交换膜燃料电池低温启动水热平衡特性[J]. 吉林大学学报:工学版,2022,52(9):2139-2146.

[39] BENZIGER J B,SATTERFIELD M B,HOGARTH W H J,et al. The power performance curve for engineering analysis of fuel cells[J]. Journal of Power Sources,2006,155(2):272-285.

[40] JIAO K,LI X G. Three-dimensional multiphase modeling of cold start processes in polymer electrolyte membrane fuel cells[J]. Electrochimica Acta,2009,54(27):6876-6891.

[41] DU Q,JIA B,LUO Y Q,et al. Maximum power cold start mode of proton exchange membrane fuel cell[J]. International Journal of Hydrogen Energy,2014,39(16):8390-8400.

[42] 巩玉栋,王金意,任志博,等. 一种冷启动的综合能源动力系统及动力系统的冷启动方法:CN202210768518.4[P]. 2022-09-20.

[43] LUO Y Q,JIAO K. Cold start of proton exchange membrane fuel cell[J]. Progress in Energy and Combustion Science,2018,64:29-61.